# 発酵食品の歴史

ビール、パン、ヨーグルトから最新科学まで

Christine Baumgarthuber
クリスティーン・ボームガースバー
井上廣美❖訳

原書房

FERMENTED FOODS

# 発酵食品の歴史

# 序　章　誠実な友にして容赦ない敵
## 人間と微生物の関係性とその歴史

微生物に多くのさまざまな能力があるということは、万華鏡のような生命のモザイクのことをじっくり考えてみればはっきりわかる。

――アーサー・アイザック・ケンダル著『文明と微生物[1] *Civilization and the Microbe*』（1923年）

2007年の春、私はオレゴン・トレイル生まれのサワー種のスターター（元種）が入った小さな封筒を受け取った。アメリカの開拓者たちがオレゴン・トレイルという街道を西へ目指した時代の遺物だ。そのスターターは、見たとたん思い切り眉をひそめてしまうような、まるでホコリのような代物で、もしかして間違えて注文してしまったのかな、とまで思った。それでも、ともかくメイソンジャー［密閉性の高い金属性ねじぶた付きガラス瓶］にそのスターターと小麦粉とミネラルウォーターを入れて混ぜ、眠ることにした。すると翌朝、ベタベタした泡が調理台の上まであふれ出ていた。その悲惨なベタベタの泡を拭き取りながら、この先祖伝来のスターターは、店でよく売っている乾燥酵母とは比べものにならないほど活発なのだと痛感した。

そのスターターは人間のようだった。しかも扱いにくいタイプだ。いつまでも使わずに冷蔵庫に入れっぱなしにしていると、ふてくされた。流行のグルテンフリー・ダイエットなるものを数か月間やっていたときに米粉やタピオカ粉を混ぜてみたら、もっとふてくされた。もっとも実際には、冬場に保存温度を低くしすぎていたせいで機嫌を損ねたにすぎなかった。だから、春が来たら元気になってくれた。暖かくなってきた頃、スターターに有機ライ麦粉を与えてみたらせっせと消化しだし、世話したかいもあって、パリパリの完璧なフランスパンやふわふわのチャバタ、どっしりしたサワーライを焼くことができた。

この成功に味を占めた私は、別の発酵食品にもチャレンジしてみようと思った。サンダー・エリックス・キャッツの画期的な本、『天然発酵の世界』［きはらちあき訳／築地書館／2015年］を手引きに、ケフィア、コンブチャ、乳酸発酵させたキュウリやビーツやトウガラシ、ティビコス（別名ウォーター・ケフィア、メキシコで一般的な発酵飲料）、サイダーや赤ワインにまで手を広げて発酵食品を育てるようになった。

毎晩、発酵食品の世話をしているうちに、その儀式こそが、ますます騒然としていく世界で自分をしっかりとつなぎとめてくれるものとなった。たとえ金融市場が崩壊し、私の仕事が奪われることになったとしても、台所にある発酵食品の世話をすることはできる。どの子もそれ自体がひとつひとつの世界を形づくっており、私は手塩にかけた見返りとして、健康と趣味を手に入れることができた。ジョージ・オーウェルは、紅茶を飲むことが文明を支える柱のひとつだと考えたが、私にとっての柱とは、コンブチャをもうひと瓶作るために紅茶を入れることだった。

私が発酵食品を作り始めた動機は、人々がニワトリを飼い始めたり、保存食品を用意し始めたり、同様の「都市定住奨励」的なことを始めたりするときの衝動とは少し違っていたと思う。私は、自分の生きている「今このとき」を実感するだけでなく、もっと広大な時間の流れを感じてみたいと思ったのだ。ビールやチーズを作ったり、パンを焼いたり、肉を塩漬けにしたりすることは、大昔からずっと——戦争のときでも平和なときでも、豊かな時代でも貧しい時代でも——普通の人々がしてきたことだった。そうした技術が、難しいもの、危険ですらあるものと見なされるようになったのは、歴史的にはごく最近にすぎない。

自宅で発酵食品を作るなど時間の無駄だ、と言われたことがある。食中毒になるかもしれないよ、とも言われた。そうした、不信感とまでは言えないにしても、ある種の拒否反応を人から示されたことで、私はこんな疑問を抱くようになった。たとえば「パイを生地から手作りする」と聞けば、家庭的でほんわかした「自給自足」な感じがするのに、素人が発酵食品を手作りするとなるとそんな感じがしない。どうしてこんなふうになってしまったのか？　やがて見つけた答えは、この発酵食品の歴史の重要な部分と重なるということだった。

結局のところ、発酵食品への拒否反応というものは、科学の力と経済の力が奇妙に入り混じったために生じている。これが強すぎて消費者は、手作りできる——かつては手作りしていた——風味の強い本来の発酵食品ではなくて、おいしそうに見えない、そして味気ない大量生産品を選ぶようになってしまった。発酵食品は、目には見えないがいたるところにある生命の第2の領域と人間の関係を反映している。その歴史は、細菌や菌類が種々さまざまに人間の友であり敵でもあることを知るようになった歴史でもある。手作りのザワークラウトやソーセージが危ないと思ってしまうのは、見えない敵は命取りになるかもしれないという意識があるためだ。実際、約100年前のスコットランドに、運命の夏が訪れている。

1922年8月のこと、スコットランドのハイランド地方西部の田舎にあるホテルで、宿泊客8名が死亡した。そのホテルはロマンチックな風景とすばらしい運営が有名で、死亡した8人のなかに体の弱そうな人や体調が悪そうな人はひとりもいなかった。8月14日、8人はホテルのスタッフがプランを立てた小旅行へ出かけていた。午前中はめいめいが自由に過ごし、釣りに行った人もいれば登山をした人もいたが、昼には近くのマリー湖の湖岸に集まって昼食を楽しんだ。カモのパテとハムと牛タンのサンドイッチ、ジャム、バター、固ゆで卵、スコーン、ケーキというメニューだった。そして一行は夕食に間に合うようにホテルへ戻った。

ところが翌朝、その小旅行へ出かけた宿泊客のひとり、「S氏」が嘔吐し始め、その日の夕方までに亡くなった。

別の宿泊客「W氏」も、同じように体調を崩した。起床時にめまいがし、歩こうとしたところ体がふらつき、物が二重に見えると訴えた。そこで医者を呼んでもらったが、やって来た医者に彼は、ご足労かけて申し訳ない、とわびた。そのときにはいくらか気分がよくなっていたので、彼は朝食を取りに行った。ところが翌朝に身体がしびれて動けなくなり、その日の夕方までに彼も死亡した。

「T氏」も、物が二重に見えるようになった。彼は死亡者のなかで一番若い22歳だった。初めのうちは症状が軽かったが、8月16日の朝になると、もう言葉を発することができなくなり、午後には亡くなっていた。

「D氏」も同じく、15日の朝の起床時にめまいがし、物が二重に見えた。それでもベッドに横になっていようとはせず、ボートに乗りに行き、6キロほどボートを漕いだ。その途中、魚が1匹現れるたびに彼は、ほら、あそこに魚が2匹見える、と同乗していた船頭に言っていた。翌日、彼の体調は良くも悪くもならなかったが、物が二重に見える症状は消えていた。だがその翌日、また物が二重に見えるようになり、ろれつがまわらなくなった。そのまま、もう2日間がすぎ、8月20日の日曜日には体がしびれて動けなくなり、翌日の午前中に死亡した。

そのほかの宿泊客4名も、めまいがし、物が二重に見えるようになり、ついには体がしびれて動けなくなったすえに亡くなった。医師たちは食中毒ではないかと考えた。では食中毒の原因となったのはなにか？　実は船頭2名も同じように死亡していたことから、ふたりの船頭もどこかの時点で、死亡した宿泊客8人と一緒に食事を取っていたにちがいないと考えられた。犠牲者のうちの数人が、重体になる前に例の小旅行のことや、そのときに屋外で取ったランチのことを話していた。そうなると、疑わしいのはカモのパテだ。

当局が調査を開始した。ホテルにあった食材が細菌検査班に送られ、コックへの聞き取り調査が行われた。すると、悲劇からさかのぼること6週間前の6月30日、スコットランドでも指折りの最高級の製造業者からポッティド・ミート（瓶詰め肉）24個がホテルに届いていたことがわかった。

ただし、その業者は食肉加工の全段階で取扱注意事項をすべて遵守していた。大量の肉を調理し、缶に詰め、缶のふたが開いた状態でレトルト装置で殺菌してから、さらに小さなガラス製容器で2度目の煮沸殺菌を行っていた。業者はそれまでこのようにして100万本もの瓶詰めを製造してきたが、マリー湖のホテルの事件まで食中毒など一件も報告されたことがなかった。ホテルのコックの証言によれば、瓶は新品かつ未開封の状態で届き、瓶を開けたときも、中身が腐っているようには見えず異臭もしなかったという。

瓶に残っていたパテは少量過ぎて、徹底的な分析をすることはできなかった。だが、運よく調査官たちは別の供給源を——文字どおり——掘り出すことに成功した。花壇にサンドイッチが埋められていたのだ。船頭のひとりが、あの小旅行のピクニックのサンドイッチを夕食用に取っておいたものの、食べてみたら吐き気がしてきたので花壇に埋めていたのである。急に具合が悪くなったのはカモのパテが傷んでいた可能性があったからだ、という話はその船頭も聞いていた。このようにパテを埋めたおかげで、彼は飼っているメンドリを守ることにもなった。もしサンドイッチをそこらに放り捨て、もしメンドリがそれを食べていたら死んでいたかもしれない、と彼は思った。かくしてサンドイッチはしかるべく掘り出され、分析された。そして、汚染されていることが判明した——そう、ひどく汚染されていたのである。

その恐るべき毒素は、埋めたり掘り出したりしているあいだはもちろん、複数回の殺菌処理と煮沸をしても消えなかった。埋めようが掘り出そうが消えないのは言うまでもない。これには当局も困惑した。8月25日にスコットランド・ボード・オブ・ヘルス（スコットランド保健局）が出したプレスリリースでは、食中毒をめぐる謎があることを認めつつも、平静を保つよう市民に勧告するものだった。[2] 調査官はカモのパテからなんとか有機物を分離することができた。そして、その有機物を培養液で培養したものを2匹のネズミに注射したところ、2匹とも死んだ。同様にウサギにも注射してみた。死んだ。ある細菌学者によれば、ウサギもネズミもボツリヌス中毒に特徴的な症状が見られたという。[3]

ボツリヌス菌（学名 *Clostridium botulinum*）とは、細長い棒のような形状をした細菌だ。増殖に酸素を必要としない嫌気性の芽《が》胞《ほう》形《けい》成菌《せいきん》で、ほかの細菌なら死滅してしまうような環境でも生き残ることがあり、末梢神経に作用する強い毒素を作り出す。この毒素はボツリヌス菌が芽胞を形成するときだけ存在するが、芽胞は驚くほど耐久性があり、庭の土からサケのエラにいたるまで、どのような場所や環境下でも——極寒だろうと極暑だろうと放射線にさらされようとも——長時間にわたり生き残る。[4] このタフなボツリヌス菌を発見したのはエミール・ヴァン・エルメンゲムというベルギーの細菌学者だ。1895年、ソーセージと塩漬け肉が関係した食中毒事件の原因を調べていたとき、簡単には死滅しない微生物を分離したのである。これが引き起こす食中毒は、現在になってもまだ死をもたらすことがある。[5]

マリー湖の食中毒事件でも、司法当局の調査はボツリヌス菌が唯一の原因だと判断した。当時は、ほぼすべての病気が微生物のせいだと考えられていた。19世紀末期から1930年頃にかけて、いわゆる「衛生運動」が「黄金時代」を迎え、普通の人々も、微生物とその有用な働きや有害な働きについて意識するようになっていた。この衛生運動は、結核や腸チフスなどのいわゆる「不潔が生み出す病気」の流行に対する関心が強いものだった。そうした病気の病原体についての理解が進むのと並行して、衛生運動も盛んになっていったのである。そして、微生物と病気の関係に対する人々の意識を高めるような公衆衛生運動が行われた。

このような進展が見られるようになるまでは、そうした意識を持っているのは研究所や工場の関係者などに限られており、一般の人々は、自分が飲んでいるビールや食べているチーズに、あるいは怪しげなパテを食べると被る苦痛の背後にどのような生物学的プロセスがあるのか、ほとんど知らなかった。食べ物は感覚的なよろこびや健康を与えてくれるものだが、扱い方を間違えれば病や死をもたらすのはなぜか——ということについては、もちろん経験や常識から何となく気づいてはいた。だが飲食物の扱い方は、所属する社会集団の慣習や習俗にしっかりと織りこまれていたので、わざわざ言葉で説明するものではなかったのである。

公衆衛生運動は、微生物とその影響についての知識を「昔からのならわし」から解放し、ほとんど誰でもわかるものにした。[6]「ジャーム・セオリー（細菌論）」という新しい科学が知られるようになると、出版社はさまざまな家政学の本や冊子を刊行して「細菌論」という言葉をあらゆる家庭に届けようと努力し、衛生的な方法で調理するよう主婦に勧めた。[7]確かに、とても良いことには違いない。だが、こうした運動は善意の横暴の典型でもあった。普通の家事でも目に見えない危険に囲まれている、と感じさせるものになってしまったからだ。

大昔から自家製のピクルスやワインやバターミルクを無事に作ってきたことなど、もう忘れてし

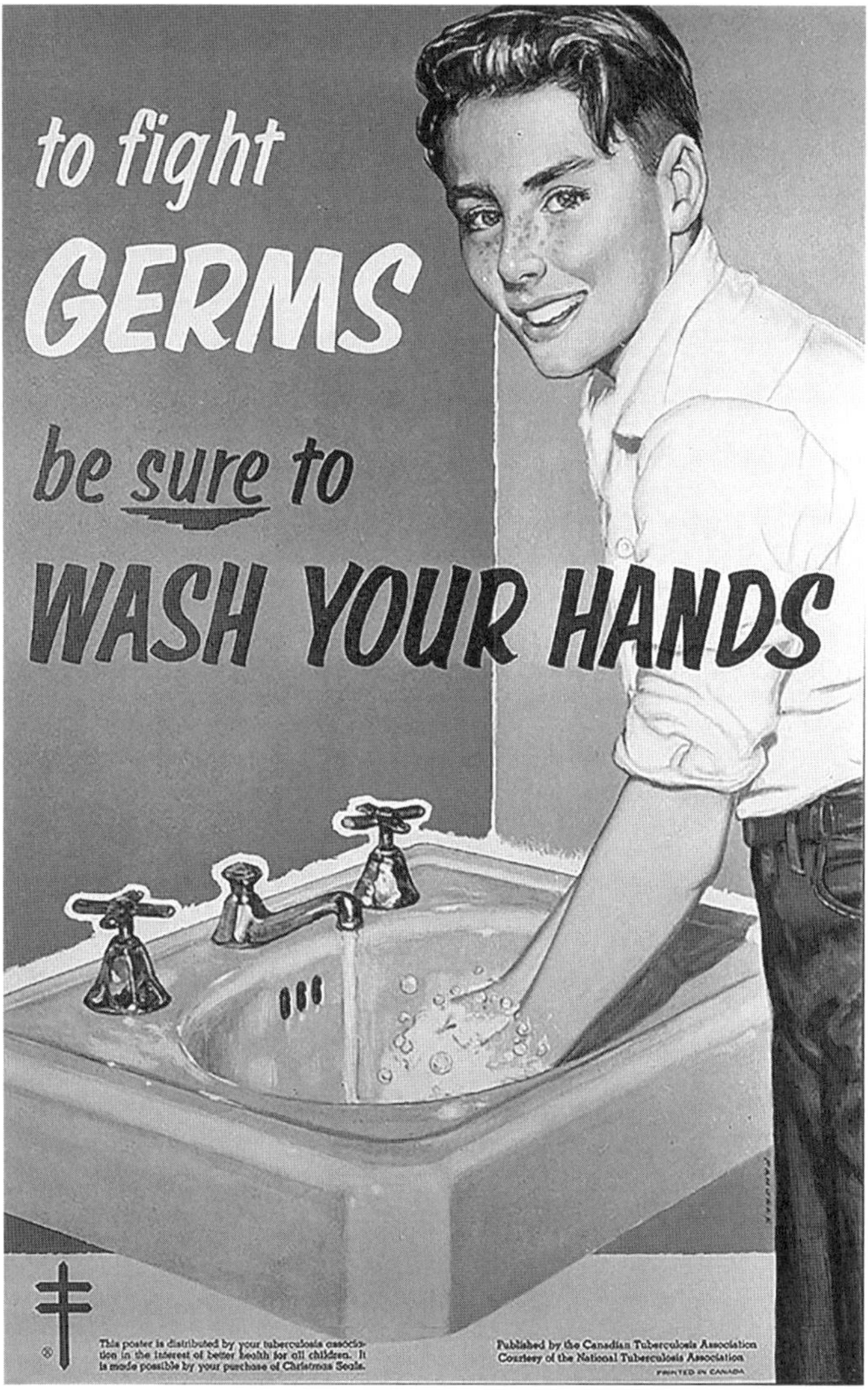


身体を清潔に保つよう呼びかけるためにカナダ結核協会が1959年に出した広告。19世紀から20世紀にかけての進歩によって、微生物が人間の病気にどう関係するのかということについて理解が深まった。その一方、伝統的な発酵食品作りへの信頼がゆらいだ。

まえ——今や人々は、微生物がいつでもどこにでも潜んでいて、ほんの少しでも不潔になるのをこっそり待ちかまえていることを知ってしまった。目には見えないのに絶えず存在するという微生物汚染の危険性に不安をかき立てられた主婦は、手ぐすね引いている食品メーカーや小売店の腕のなかに飛びこんでいった。家庭で手作りすることはやめ、工場で製造され、衛生的に包装された品を買い置きしておくようになった。

それでもしばらくの間は、昔ながらの方法で作った発酵食品は新しい製法の発酵食品と共存していた。最新技術を用いて醸造所で瓶詰めされたビールや工場で製造されたチーズは、手作りのキュウリのピクルスやパンと一緒に家庭の戸棚に並んでいた。しかし20世紀になると、新製品が鉄道で市場へ次々と運ばれ、ラジオで宣伝されるようになった。そうした食品が——そうした食品だけが——確実に清潔で健康的だった。いや、それらを製造する大企業が、世間にそうだと思わせようとしていた。

この説得力のあるキャンペーンを手助けしたのが、アメリカの連邦議会が1906年に成立させた食品医薬品清潔法だ。これはイギリス議会が1875年に成立させた食品医薬品販売法（Sale of Foods and Drugs Act）と1887年のマーガリン法にならって作られたものだった。資本金が大きい企業だけが、この新しい基準を満たすのに必要な設備に投資することができ、消費者が品質保証の頼りとすることになる政府の認定証を受けることができた。認定証を得るには途方もなく費用がかかった。中小メーカーは顧客の縮小に追いこまれ、たちまち倒産した。

成功してさらに欲が出た企業は、企業だけが健康的な食品を供給できるのだという宣伝を強化し

朝食用シリアルの「ケロッグ・コーンフレーク」の広告。20世紀初めのもの。パッケージに「Waxtite」という包装紙を追加したのは、当時の微生物学の進歩に影響されてのことだった。清潔で安全な食品にするには、汚染物質を完全に遮断すべきだという考え方が広まっていた。だが、産業資本主義にはありがちなように、こうした安全や清潔は、事実というよりも認識の問題にすぎず、食品メーカーはそうした認識を消費者に植え付けようとしていた。

た。たとえばドミノ・シュガー社は、機械で加工して製造した食品のほうが、人間の手で作る食品よりも清潔で安全だと訴えた。ゴールドメダル・フラワー社も、自社の製品は人の手が触れていないと宣伝し、ケロッグ社は自社のシリアルの箱に使っている「Waxtite」包装は汚染されにくいと売りこんだ。ハインツ社は工場見学会で白衣を身に着けた汚れのない女性たちがピクルスを詰めているところを見せた。[8]

大企業の宣伝は人目を引くようなものばかりだった。過去のセンセーショナリズムを恥ずかしげもなく持ち出すことも多かった。全米の市場に進出したいと考えていたアメリカン・シュガー・リファイニング・カンパニーは、未精製の砂糖を食べるのは危険だということの証拠として、恐ろしげな見た目をした黒砂糖の微生物――害はない――の拡大図を描いた広告を出した。このキャンペーンは大成功し、ベストセラーとなった『ボストン料理学校クックブック *Boston Cooking-school Cook Book*』ですら、「微細な虫」が潜んでいるから黒砂糖は避けるようにと警告した。[9]

ほかの朝食用シリアルとビスケットのメーカーもすぐに追随し、細菌が混じっていないと保証されているのは包装容器にきちんとパックされたシリアルだけだ、と訴えた。肉と卵の朝食は健康に悪いかもしれないものだらけであり、酵母でふくらませたパンも同様。それよりも、最高の衛生基準に従ってパリッと焼き上げたコーンフレーク、「トーステッド・コーンフレーク」のほうがはるかに安全で健康に良いのだという。

ビスケットのメーカーが悪役にしたのは、何でも売っている田舎の食料雑貨店に置かれた樽、いわゆる「クラッカー・バレル」だった。クラッカーが入っている店頭のこの樽も細菌の巣になっているのだという。店は商品を大量に仕入れては清潔かどうか怪しい樽のなかに投げ入れ、やはり清潔かどうか怪しい手でつかんで取り出すから、という理屈だ。一方ナビスコ社は、人の手が一切触れていないように見える衛生的なパッケージで個別に包装したクラッカーを提供した。[10]

こうした大量生産の食品を人々が選ぶのは、清潔そうに見えるから、という理由がすべてだった（大規模な食品工場の多くは、理想的な生産環境であるかのように見せかけたところだけを好奇心豊かな見学者に公開していた。きちんとしているとはとても言えない本当の生産現場は別の場所にあった）。この点を別にすれば、そうした食品はうんざりするほど味気なく無個性で、伝統的な食品にある「テロワール」がなかった。「アメリカの家庭の料理は悲惨だと聞いている」とロシア皇帝のニコライは、アメリカ訪問から帰国したばかりの自国のオペラ歌手に言ったという。「食べ物はすべて大量に調理されたものばかりで、個性的な味もなければ風味もまったくないそうだが[11]」

この評価はヨーロッパで大量生産されていた食品にも当てはまる。イギリスのマンチェスターやアバディーンのような工業都市に住む忙しい労働者階級は、クレソンや魚などの伝統的な食材を買うのをやめ、缶詰の牛肉や、バーズのインスタント・カスタードパウダーで作ったデザートを食べるようになっていた。自由になる時間がわずかしかない彼らにとって、加工食品のほうが手っ取り早く食事ができる。[12]だが結局のところ、労働者たちは節約した時間を後々失うことになる。彼らの平均寿命は短くなったうえ、壊血病や虫歯などの変性疾患を患う人が増えたのだ。

スイスでも、加工食品のパイオニアであるジュリアス・マギーが粉末にしてキューブ状に固めたブイヨンを完成させ、これを使うよう主婦層に訴えかけた。家庭で作るスープストックと違って、

20世紀初めのドイツの「マギーの固形ブイヨン」の広告（キャッチコピーには「…本物のブランド！」とある）。どの加工食品にも言えることだが、マギーのブイヨンも忙しい主婦が調理時間を節約するのに役立ったものの、そうした便利さの代わりに栄養価と風味が犠牲になった。

このインスタントのブイヨンには風味も栄養もなかったが、すでに働きに出ることが多くなっていた女性たちには受け入れられた。これが大ヒット商品となったことから、マギーは1897年、自分の名前を冠した会社をドイツに作った。便利であることは貧しい味に圧勝し、あくまでも機械的な工場のリズムが、家事の優先順位を変えていった。料理に割く時間は、給料をもらうために働く時間ではなかったのだ。また、工場で大量生産されることで食品が安くなったことも人々をよろこばせた。「大工場は毎日のように、おいしくて新鮮な加工食品や調理済み食品を非常に安い価格で供給するのです」。1890年代のあるとき、実業家で元シェフのオーギュスト・コルテがイタリアの国王ウンベルト1世にそう断言したという。「これこそ新しい世紀の始まりとなることでしょう！[13]」

確かに、それは新しい世紀の始まりだった。食品の生産と保存という面では、良くも悪くも衛生運動が大きな分岐点となった。衛生運動は恐ろしい病気を予防する簡単な方法を一般の人々に教えた。そして人々は、以前より健康になり、病気にかかりにくくはなったが、同時に、日々の家事や食事の場面で自主性のかなりの部分を政府や大企業に譲り渡すことにもなった。衛生運動の主張は、その処方箋も予測も絶対的で融通が利かず、人間と微生物の関係についても、ひとりひとりの個性や昔ながらの知恵が立ち入る余地はほとんどなかった。

昔ながらの知恵に従うなら、そのおおざっぱで個人の特性を大切にするアドバイスのおかげで、手持ちのものでやりくりしようとするときに独創性のようなものを発揮することもできたが、そうした知恵は恐怖に基づく厳格なルールに取って代わられてしまった（このため今では、風邪をひかないようにする方法のほうが、サワー種のパンを焼いたりニンジンのピクルスを作ったりする方法よりもよく知られている）。マリー湖の事件のような出来事からもわかるように、確かにこうした恐怖に根拠がないわけではなかった。細菌であれ酵母であれカビであれ、こうした二面性のある微生物は、健康をもたらしてくれることもあれば病気の原因になったりもする。「社会は人間だけでできているわけではない。あらゆるところに微生物が介入し、作用している」と現代のフランス人社会学者ブリュノ・ラトゥールも著書『フランスの低温殺菌 *Pasteurization of France*』で述べている[14]。この影のように人間に作用するものの目的を見分けられる者が、はたしてどれだけいるのだろうか？

近代になるまで、誰もそれを見分けられなかった。微生物の二面性を理解するには、その生態について知る必要があるからだ。微生物は、小さすぎて人間の裸眼では見ることができない。実際、針の先に100万――あるいはそれ以上！――の微生物を載せることもできる[15]。

どうして微生物が存在するようになったのか――それは、はるか昔の話になる。微生物は、引き立て役となる人間が現れるのを計り知れないほど長い間待ち続けた。そして人間が絶滅しても、計り知れないほど長い間生き残っていくだろう。微生物は40億年ほど前に出現した。当時の地球は、快適で穏やかで故郷と呼べるような世界とはとうてい言えないところで、彗星や流星や太陽の放射線が直接降り注ぐ惑星だった。そうした攻撃ばかりか、今よりも15分の1の距離に接近して周回軌道をまわっていた月の重力が、激しい高潮を引き起こしていた。しかも、その荒れ狂う海の下では、地球の核が生み出す厖大な熱が大地の裂け目から噴き出していた。こうした熱水噴出孔の周辺には生命に不可欠な物質に富む泥が堆積していたが、イギリスのSF作家の草分けであるH・G・ウェルズが書いたように、まだ生命は「この空っぽの広大な広がりのなかでは、小さな光、かろうじてともっただけの光」にすぎなかった。[16]

かろうじてともっただけとはいえ、消えずに存在し続けた生命は原始的な細胞の形で定着し、約20億年前に地球が寒冷化して極寒の環境となった時期も、生命の増殖と多様化は続いた。そうした原始生命体は2種類の単細胞生物に進化した。細菌（バクテリア）と古《こ》細菌（アーキア）だ。細菌は細胞壁を持つが、細胞小器官（オルガネラ）や細胞核がない。古細菌は細菌と同じくらいの大きさで構造も同じように単純だが、細菌と違って遺伝子や代謝経路があり、これらよりはるかに複雑な生物のほうに似ている。細菌も古細菌も太陽のエネルギーを利用し、古細菌は細菌に適さない環境を好む（そうした違いはあるにしても、両者は類縁関係にある）。

現在主流となっている細胞内共生説によると、あるとき、古細菌が細菌を破壊することなく体内に取りこみ、古細菌と細菌が結合して真核生物《しんかくせいぶつ》（ユーカリオタ）——染色体という形でDNAを含む明確な細胞核を持つ細胞や有機体——が形成されたという[17]（私たち人間も真核生物である）。この新しい共生体は、細菌がもたらすエネルギーのおかげで大型化し、遺伝子を増やし、複雑化することができた。[18] そして、進化した変種の排出物である酸素が、生命の大規模な多様化を可能にする環境を作っていった。

今や、微生物はあらゆるところに存在し、あらゆる生物学的プロセスに関与している。世界中の

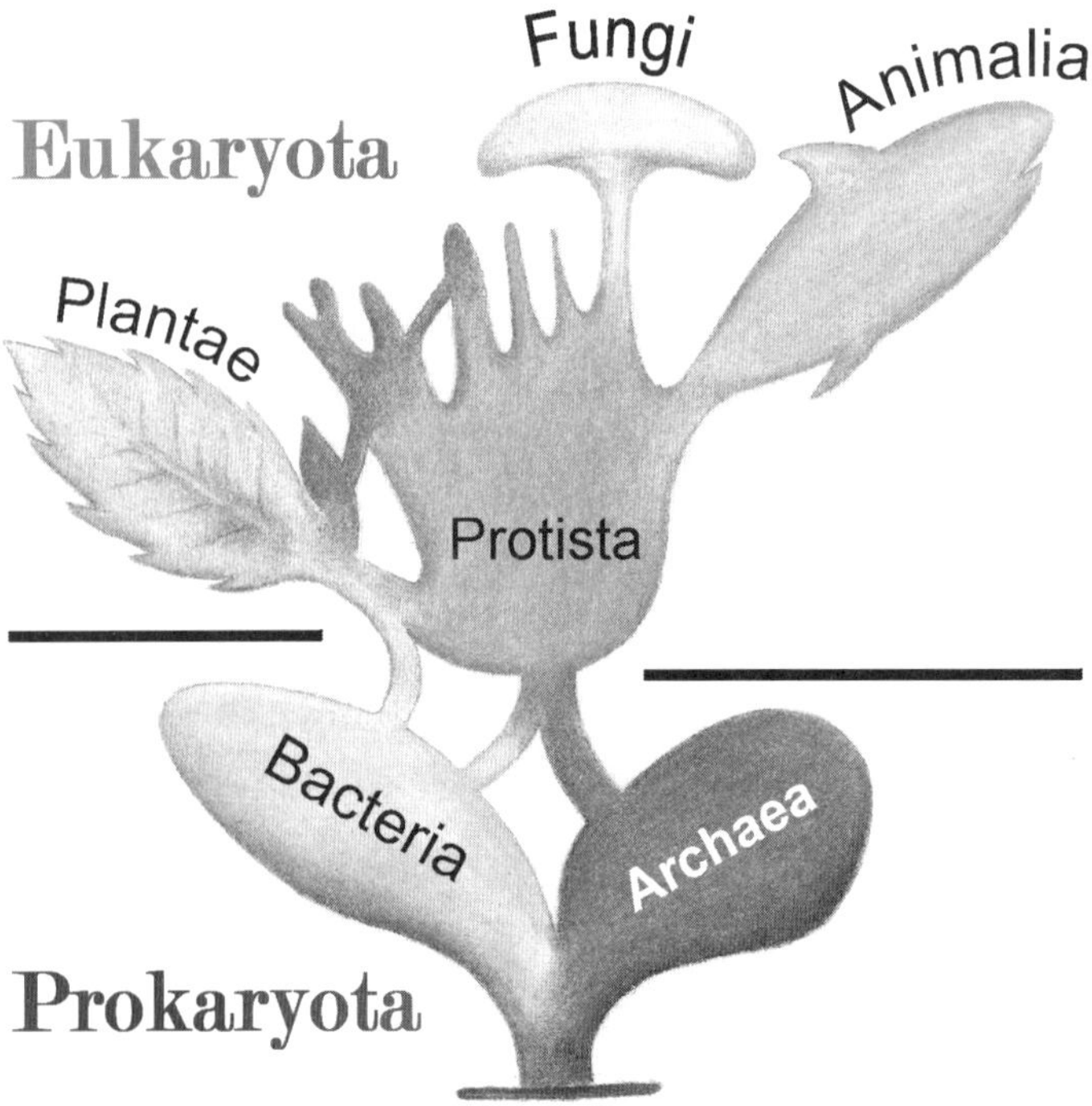


下等生物から高等生物への進化を描いた図。現在のように生物の王国が存在するのは、はるか昔に、細菌と古細菌の始原的な細胞内共生が成立したおかげだ。この細胞内共生によって、高等生物の出現が可能になったばかりか、細胞内共生は地球が高等生物の生存に適した環境になる一助ともなった。

イリノイ州シカゴにあったディアボーン・ケミカル・カンパニーの細菌分析研究所。1930年頃。20世紀初めから半ばにかけての科学は、微生物に対してかなり心配性で、昔ながらの発酵の手法に大きなダメージを与えた。だが近年は、微生物が人間の健康や長寿や幸福に果たす役割について、関心が復活している。

生態系を維持し、生態系の内部に住む生物の健康に寄与している。[19] 死を迎えたものを分解し、生きているものを助けている。そして場合によっては、病気や飢饉や死をもたらす。

はるか昔、約20億年前にこの原初の生命体が人類とかかわり合うための舞台がついに用意された。そして今や、人間の体内には約39兆個の微生物が住んでいる。その役割については、ほんの一部しかわかっていない。[20] それでも、これら微生物の多くが人間の免疫システムを強化し、血糖値のバランスをとり、消化力を高めるなど、人間の健康と幸福に役立っている。人間のほうも、微生物を利用して食料の供給を増やしたり、食物の栄養価や風味を向上させたり、労働者にも兵士にも有閑階級にも等しく食料を供給できるよう、ウシやヒツジを家畜化したように微生物を飼いならしたりしている。

しかし微生物にとって、人間はどのように役に立っているのだろう？　この悩ましい問いの答えはまだ出ていない。この目には見えない生物の動機が曖昧模糊としているからだ。微生物は「人間の周囲のいたるところにはびこり、善悪いずれのこともなす並外れた可能性を秘めている」と1891年にパーシー・F・フランクランド教授は述べている。「人間の友であり誠実な召使として、ひと言の不平も言わず命じられた仕事をするように見えるときもあれば、容赦ない敵となって人間と対立し、人間の力と創意工夫に挑むときもある[21]」。人間は、病気や死をもたらしたり、人類の努力の成果を台無しにしたりする微生物と闘うことに大きな労力を費やしてきたと同時に、それと同じくらい大きな労力をかけて健康と幸福をもたらす微生物を培養してきた。微生物が人間に有害なコロニーをつくらないよう、微生物を飼いならそうと奮闘している。

幸いなことに、この絶え間ない努力は、イギリスの小説家トマス・ハーディの言う「活気ある良い歴史」に貢献してきた――おまけに、少なからぬごちそうも生まれた[22]。だが、そうしたごちそうをたらふく食べる前に、まずは飲み物について考えるべきだろう。何と言っても最古の発酵食品は――驚くべきことでもないだろうが――強烈な醸造酒という形で登場したからだ。

# 第1章　どんちゃん騒ぎ

## 発酵飲料の誕生と進化

さあ急げ　この木陰のもとに！
ひと塊のパン、ひと壜の酒、ひと綴りの詩集
それに　私のかたわらで唄うおまえ――
これだけでもう　砂漠とて天国のゆたかさ。
――オマル・ハイヤーム著『ルバイヤート』（『ルバイヤート　オウマ・カイヤム四行詩集』井田俊隆訳／南雲堂より訳文引用）[1]

人類がどのようにしてアルコール飲料を発見したのかはいまだにわかっていないが、偶然の産物だったのはまず確かだろう。

当然ながら、最初は果実が発酵したものだった。うまく発酵するように工夫する必要もなかった。果樹園のなかやこぼしたソフトドリンクのまわりを飛びまわるハチは、無数の酵母細胞を運んでいる。エサを取るときも排泄するときも、ハチは糖分を含む物質にこの酵母細胞をもたらす。するとほどなく、酵母の酵素が糖分をエチルアルコールに変える。

酵母が糖分をアルコールに変える力を持つようになったのは約1億年前のことだった。定説によれば、樹液に含まれている酵母細胞が結合し始めたのだという。その結合が「全ゲノム重複」と呼ばれる遺伝子上の現象を引き起こし、これが完了したとき、酵母はグルコース（ブドウ糖）をアルコールに変えることができるようになった[2]（この遺伝子重複のプロセスは進化にとって重要だ。このおかげで遺伝子のレプリカが新しい機能を持てるようになるからである）[3]。自然に起きる場合もあるこうしたうれしい偶然のひとつが、白亜紀に起きた顕花植物（花をつける植物）の祖先の全ゲノム重複であり、そうした祖先が進化して、酵母の好む甘く新鮮な果実をつけるようになった。それから約6300万年後、人間はこの酵母と甘い果実の出会いがもたらすもの――つまりアルコール――に慰めとインスピレーションの源泉を見出した。たぶん、どこかの大胆な人が発酵した果実の果肉をちょっと味見してみて、その効果を好ましく感じたのだろう。

　その後、動物のミルクやハチミツを混ぜた水も、陶酔をもたらすアルコール飲料になることに人々は気づいた。そして試行錯誤のすえ、そうした飲み物をほぼ確実に造ることができるようになった。特にブドウが発酵に適しているとわかり、ワインが生まれた。ビールはワインよりも造るのが難しかったので、誕生までには時間がかかった。果実やミルクやハチミツ水と違って、穀物は硬い外皮に覆われているうえ、その内側にあるデンプンと糖は、酵母が利用できないものだからだ。

　だが、やがて人間の創意工夫が勝った。そのカギは穀物に含まれる不溶性のデンプンと糖を可溶性のものに変えることだが、それには酵素の存在が必要だった。プチアリンという、デンプンを変換する酵素アミラーゼの一種は唾液中に存在する。プチアリンを穀物に添加する方法として「噛む」

冬至の祭りのために用意した南米の酒チチャ。伝統的な製法では、プチアリンという酵素アミラーゼを入れる方法として原料のトウモロコシを噛む。プチアリンは唾液中に存在するので、これによって発酵が始まる。

という行為が使えた。現在でも南米で好まれている「チチャ」という伝統的な酒は、トウモロコシを噛んでから発酵させて造る。次にデンプンを分解する仕事に適した酵素、ジアスターゼは、穀物が発芽するとき、つまり「モルト（麦芽）」になるときに作られる。この麦芽は、温水に浸すとマッシング（糖化）というプロセスによって糖と酵素を多量に含む液体が得られる。これが容易に発酵してアルコールとなる。

アフリカではマッシングが今も健在で、多様なビールが造られている。発泡性のビールもあれば、ドロドロした粥状のビールもある。濃度や粘度はさまざまでも、すべて酸とアルコールの混合物——醸造時に存在する酵母と乳酸菌の副産物を含む。たとえばナイジェリアのエド族の酒「ピトー」は、発芽させたトウモロコシとソルガム

（モロコシ）から造る。まず、バナナの葉を敷いたカゴでトウモロコシとソルガムを出芽させ、発芽したら粉砕する。それを水に入れて煮沸し、冷ましてから濾過し、一晩寝かせて発酵させる。発酵したら再度煮沸して液体を煮詰め、そこに前回造ったピトーをスターター（元種）として加える。そして３度目の発酵をさせれば、もういつでも飲める。出来上がったビールは濃い茶色で、ほろ苦さと甘味がある。アルコール度数は約３パーセントだ。[4]

アフリカではどの地域にも代表的な酒がある。ビールは社会生活のよりどころとして儀式の一助となり、慣習を再確認する。それだけでなく、ビールを飲んで上機嫌になったりリラックスしたり栄養をつけたりすれば、その場がいっそう楽しく盛り上がる。その証拠に、事実、アフリカの穀物の８分の１から３分の１がビール用に消費されている。[5]

研究によると、ビールの誕生は人間がパン作りを簡単にするための方法を探していたことがきっかけだったらしいが、たちまちビールはほかの食物よりも重要視されるようになったようだ。最近の発見からは、ビールの歴史はパンよりも古い可能性すらあることがわかった。２０１８年、コペンハーゲン大学の研究者がヨルダン北東部で暖炉を発掘した。その暖炉は推定で１万４２００年前から１万４４００年前のもので、パンくずが付いていた。穀物の栽培が行われるようになるのはそれから約４０００年後のことなので、そのパンくずは穀物栽培が始まる前の時代のものと思われた。となれば、暖炉の持ち主はパンを焼くために野生の穀物を採集しなければならなかっただろう。そして、食べ物として利用できるくらいのまとまった量の穀物を周辺の土地から採集するのは困難だったはずだから、そのパンくずは、それを水に浸して発酵させるためのもの、つまり食べ物ではなく酒を造るための材料としてのパンだったのではないか、とデンマークの研究者は考えた。[6] この発見からはさらに推測できることがあった。この地域に住んでいた農耕社会以前の時代の人々は、苦労して採集した野生の穀物からいくらかの食料を作るよりは、ほろ酔い気分になるほうが割に合うと思ったらしい、ということだ（最近イスラエルのハイファで行われた発掘調査でも、約1万3000年前のビール醸造所が出土した）。[7]

ビールの知識とビールがもたらすほろ酔い気分は流浪する遊牧民と共に移動し、やがてメソポタミア文明の都市に定着した。エジプト人もシュメール人もバビロニア人も、大麦の麦芽や小麦のパンを焼いていた。これらのパンは水に浸してマッシュにし、土器の壺に入れて発酵させた。また、そのマッシュの一部を取り置いて、次にパンを焼くときのスターターとした。このプロセスが長きにわたって反復されたことで、人類と出芽酵母（学名 *Saccharomyces cerevisiae*）の関係が強固になったばかりか、ビール造りに付随するさまざまな慣習やしきたりが生まれた。

古代メソポタミアの遺物を見ると、ビールを飲むことは現在と同じく社交活動だったらしいことがわかる。当時の印章に、何人かの人物がストローを口にくわえて同じ容器に突っこんでいる姿が描かれている。[8] ストローで飲んでいるということは、ビールが濾過されておらず、沈殿物（ビールの澱）が多く含まれていることを示している。エンマー小麦、大麦、スペルト小麦などの穀物は、どれも黒っぽい濁ったビールになる。スペルト小麦だけを使えば上質のビールになり、大麦だけだと最低の品質のビールしかできない。[9] 使う穀物が何であれ、ビールにはさまざまなスパイスが加えられることが多かった。また、かぐわしいビールを水で薄めて飲む人もいれば、そのまままちびちび

シュメール人の楔形文字が書かれた粘土板。ビールの割り当ての受取を記録してある。ビールのルーツははるか遠い昔にあり、パンよりも先に出現したかもしれないという。

飲む人もいた。ぴりりと刺すような辛味や酸味のあるもの、「少量」で爽快になれるもの、ワインやハチミツを混ぜたもの、そのまま飲むものなどなど、古代のビールは感動的なほど多様だった。

アルコールの奇跡とアルコールが人間に及ぼす力は、当然ながら権力者の関心を引いた。さまざまな神々がビールの製造をつかさどった。たとえばシュメールの女神ニンカシはビール醸造をつかさどる神であり、「口を満たす女主人」と呼ばれていた。ニンカシはサブ山（「居酒屋の主人の山」という意味）という架空の山に住み、子供を9人もうけ、全員に酒や酔いにちなんだ名前を付けた。「自慢家」とか「喧嘩する者」などという名前の子供もいる。そして、酒の守護者だけあってニンカシはおおいに信仰を集めた。紀元前1800年頃に書かれたニンカシに捧げる讃歌にはこうある。「あなたこそ、大きなシャベルで練り粉を扱う方」。「あなたこそ、煮えたマッシュをアシの大きなむしろに広げる方」。これにビール造りの手順を詳細に描く讃歌が続き、最後に、女神ニンカシがビールの女神にふさわしく非常に寛大であることをたたえる言葉で締めくくられる。「ニンカシよ、あなたが大きな桶から漉したビールを注ぐ、チグリスとユーフラテスの流れのように[10]」。

ニンカシがビールの醸造に関与していたのに対し、ビールを飲んで楽しむことだけで満足する神々もいた。実際、ビールは神々に好まれ、少なくとも神々の怒りを弱めることができた。「女神をたたえ、この谷の祭りの日に、ヌビアの黄土で赤く輝くビールを注がん」とは、エジプトのカルナック神殿にある地母神ムトの門に刻まれている一文だ。「されば、ありふれたビールと違うものなれば、女神の心の怒りをしずめるだろう[11]」。愛と美の女神ハトホルもビールを求めた――しかも大量に。長い舌を出し妊婦を守る短躯の神ベスも同様だ。ベス神が大きな器からビールをがぶ飲みしている姿を彫りつけたスカラベ［古代エジプトで神聖視されていた甲虫をかたどった宝石彫刻］もある。また古代の中東では、神々の地上の代理人もビールの分け前を求めた。バビロニアでは、ある種の祭祀を執り行う場合にはビールが司祭に差し出された。そしてエジプトでは、多くの神殿にビール醸造所があった。

古代の中東の社会にビールが普及していたのは疑いないが、エリート層の間ではビールはワインの後塵を拝していた。中東でワインが造られていたことを示す最古の証拠は、現在のイランのザグロス山脈にある2か所の遺跡から出土した[12]。容量9・5リットルの粘土製の壺6個から、黄色っぽ

エジプトの神ベスの姿を刻んだ浮き彫り。ハトホルなどベスと同等の神々と同じく、ベスも自分の崇拝者が発見したビールを好み、出産間際の女性を守るための供え物としてビールを求めた。

い残渣という形で見つかったのである。その残渣がブドウの果汁と樹脂だと判明したことから、考古学者はこれを証拠に、黒海とカスピ海にはさまれたこの地域では8000年ほど前からワインが飲まれていたのだと考えた。そのワインは、ギリシャのレツィーナによく似た風味だったと言われている。

ビールと同じく、ワイン造りの技術も遠くまで広まった。ナイル川沿い全域、古代中東全域でブドウの栽培および圧搾の技術が優れた王たちによって少しずつ整えられ、しだいに高度に洗練されていった。[13] そしてビール同様、ワインも神々と関係づけられるようになった。シュメールの『ギルガメシュ叙事詩』にも、奇跡のようなブドウ畑が出てくる。そのブドウ畑のブドウの木は「生命の木」であり、そのブドウの汁を飲むと不死になれるという。ブドウ畑の世話をしているのは、酒場の女主人である女神シドゥリだ。後世のバビロニア人も、ワインが神聖なものであることに対して感謝を表明した。メソポタミアの聖塔「ジッグラト」——階段状に造られたピラミッド形の塔で、そこで宗教行為が行われた——のスロープには、ブドウなどの果樹が植えられていた。[14]

神性を帯びたことで、ワインは死後の世界への旅を楽にしてくれる飲み物と見なされるようになった。エジプト先王朝時代の上エジプトの王で、紀元前3150年頃に死去したスコルピオン1世の墓からは、ブドウの種が残っている壺が発見された。この壺にはテレビンノキの樹液で作った密封剤で密閉した痕跡もあり、これらの残存物からすると、その壺にはワインが入っていたと思われる。イチジクが入っていた壺もあり、これはおそらく、ワインの風味を高めるためか、酵母を増やすためだったのだろう。そのほか、レモンバーム、コリアンダー、ミント、セージのような薬用ハーブが入っていた壺もあった。全部合わせると、この墓には3つの部屋に700個もの壺が置かれていた――4000リットルのワインをゆうに入れておける数だ。[15] ワインは葬儀に不可欠の要素だったようだ。裕福なエジプト人は、死を悟るとワインで身を清めた。紀元前5000年までには、ナイル川デルタにあるブドウの5つの名産地のワインを副葬品とすることがエリート層の習わしになっていた。一方、ピラミッドの建造作業をしたり、社会的に必要な労働すべてを担ったりしていた奴隷たちは、たとえ最後の別れでもビールで満足せねばならなかった。

古代ギリシャ人も、ワインを文化的に重要なものだと考えた。ホメロス――あるいは、以来ホメロスという名で今日まで伝わる複数の匿名の詩人の集団――が書いた『イーリアス』でも、ワインは民族を象徴する飲み物とされており、有名な「アキレウスの盾」について述べた部分では、盾に描かれた数々の模様のひとつとして、ブドウ摘みをしているブドウ畑の絵の話が語られている。[16] 古代ギリシャの価値観では、ワインは純粋で健康的なもの、男性的なものだった。そのためワインは、裕福な人々にも貧しい人々にも人気があった。

その一方、古代ギリシャ人はビールを不純で不健康なもの、そして女々しいもの（つまり最悪なもの）と見なしていたようだ。医師のディオスコリデスは、ビールが象皮病を引き起こすと主張した。[17] 哲学者のアリストテレスも、ビールは意識をもうろうとさせると言っている。[18] また、ビールは腐った物から生まれる、という迷信も広くあり、だから誰でもビールを飲んだら体が腐ってしまうのだという。そこで、ビール好きかどうかが「よそ者」を判別する手っ取り早い方法とされた。ビールは、トラキア人、フリュギア人、エジプト人――つまり「よそ者」――が飲むものだった。

ギリシャ人が自分たちのアイデンティティをワインに置いていたことが、何としても上質なワインを造ろうとしたことに結びついたのだろう。たとえば、早摘みのブドウは酸っぱいままだが、それをマットの上に置いて乾燥させると甘くなることをギリシャ人は発見した。[19] ギリシャ人はワインを水で割って飲んだ。彼らの考えでは、ワインをそのまま飲むのは野蛮人だけだったからだ。またギリシャ人は、今では奇異に思われるようなものをワインに加えた。「ワインに海水を注ぐと甘くなる」とギリシャの修辞学者アテナイオスは言っている。ギリシャ人はワインに香油を加えたりもした。「そして、私が酔っ払うなら、ワインに雪を加えて飲む／それから、エジプト人が知るかぎり最上の香油も少々加えて」と喜劇詩人のデクシクラテースは書いている。[20] とんでもない混ぜものも多く、わざわざまずくしているとしか思えないようなものもある。古代ローマの博物学者、大プリニウスはこう書いている。「ギリシャでは、ワインの口当たりのなめらかさを引き立たせるためという理由で陶土や大理石の粉末を加えていた[21]」。

一方、貧しい人々はそうした型破りな飲み方を楽しむことはめったにできなかった。ワインが飲めるなら、とにかく何でもよかった。予測のつかないワインの出来と気まぐれに変わるエリート層の好みに左右されて、高品質のワインが飲めるときもあれば、質の悪いワインしかないときもあった。たいていは、裕福な人々が消費した極上のワインの残り物で満足するしかなかった。

ワインがもたらした階級差別をいくらかでもゆるめてくれたのが、ディオニューソスの祭りだった。たっぷりと髭をたくわえ、先端に松かさがついたウイキョウの茎の杖を手に、東方からやって来たワインの神ディオニューソスは、理性を失った恍惚の境地へと信者をいざなった（後には、ふ

ディオニューソスを描いたアンフォラ。ディオニューソスはもともとは東方から持ちこまれた異国の神だったが、最終的には精神的にも文化的にもギリシャ人の生活に定着した。

さふさした巻き毛に青白い肌、髭を生やしていない青年という、もっと中性的な外見をした姿で表現されるようになる）。バッカイと呼ばれるようになったディオニューソスの信者たちはディオニューソスの祭儀に参加し、熱狂した忘我の状態で踊り狂い、錯乱したかのような振る舞いに及んだ。

歴史家のエドワード・ハイアムズによれば、その祭儀は「最悪の酔っ払い運転事件の状態と狂気」さえ帯びていた。祭儀は「笑いに満ちた」ものではあったが、「恐ろしく大騒ぎ」しながら「野放図な戯れ」を繰り広げたという。[22] ワインの神であると同時に豊饒の神であり、政治的な抗議の神、未知なるもの目に見えないものの神でもあったディオニューソスがつかさどったこの熱狂は、全ヨーロッパを席巻した。陶酔と恍惚と奔放という特徴が当時の人々におおいにアピールしたのは疑いない。

ワインの人気は、ローマの影響力がギリシャをしのぐようになるにつれて高まっていった。ただしイタリア半島北部にブドウの木を持ちこみ、紀元前８００年のフェニキア人との接触以来、イタリア北部でブドウを育て続けてきたのは、ミノア文明圏（クレタ島）やミケーネ文明圏（ペロポネソス半島のミケーネ）から渡来した人々の子孫であるエトルリア人だった。また南部でも、ギリシャ人が入植した都市がワイン造りの一翼を担っていた。だがイタリアでのワインの起源がどうあれ、ワインの発展を大きく推し進めたのはローマ人だった。

イタリア半島でワインの生産技術が進歩したのは、さまざまな気候条件のもとでブドウ栽培をしなければならなかったおかげでもある。たとえば、ブドウが樹上で熟す期間を長くして収穫時期を引き延ばすことはローマ人が考えついたことらしい。詩人ウェルギリウスは『農耕詩』でこう説いている。「誰よりも早く地面を掘れ。切り取った枝も、誰よりも早く運び出して燃やし、誰よりも早く支柱を屋根の下に運びもどせ。収穫は、誰よりも遅いほうがよい」［『牧歌／農耕詩』[23] 小川正廣訳／京都大学学術出版会より訳文引用］。またローマ人は、ワイン圧搾機をギリシャ人よりも多用した。さまざまな技術の開発に熱心だったローマ人は、ワイン造りの機械化においても最先端を行っていた。ローマ帝国の田園部では、基本的には重い石と籐のカゴを使ってブドウを搾っていたが、ネジ式の圧搾機も使われており、これはガリアやライン地方、そしてシャンパーニュ地方やブルゴーニュ地方などの現在のワインの名産地でも利用されていた。[24]

そのほかにも、地域ごとにさまざまな技術があった。ローマ帝国の北部と西部では「ムスト」――しぼりたてのブドウジュースで、種や軸を含む――を石造りのタンクや木製の樽で発酵させた。南部では、ドリウムという大きな陶製の壺がよく使われた。[25] ただし、ワイン造りには不都合な微生物の増殖を抑制する酸化防止剤としての二酸化硫黄をまだうまく使えなかったので適切に発酵させるのが難しく、暑い時期には壺が破裂してしまうことがよくあった。そのような事態を避けるため、農業について幅広く論じていた大カトーは、壺を30日間地面に埋めるか池に沈めるかするようワイン生産者に奨励していた。そのようにすれば、ワインは「年中ずっと甘いまま」になるのだという。[26]

ローマ帝国ではワイン造りの技術が大きく向上して大量生産が可能となり、安定的に供給できたことから、社会のすべての階層がワインを飲めるようになった。富裕層が所有するブドウ畑で働いていた奴隷も、労働の苦しみをワインで癒やすまでになったのである。ワインは、いわゆる「パンとサーカス」――都市に集まった大衆が不安を抱えながらも現状に満足し続けるよう仕向けるために、食べ物と見世物を無料で提供するという社会政策——をスムーズに進めるものでもあった。たとえば剣闘士の闘技会でも、数万個のアンフォラ（壺）が見物客に配られた。クレオパトラの息子のプトレマイオス・ピラデルポスは、2万ガロン（約7万5000リットル）ものワインを大きなヒョウ皮の袋に詰めて配ったという。[27]

国家的目標を前進させるために酒が社会政治上の有益な潤滑剤になる、と考えたのはローマ帝国のエリート層が最初でない。ローマに先立つこと数千年前、古代中国人も同じことを考えた。中国の酒造りは、新石器時代の仰韶《ぎょうしょう》文化（紀元前5000年頃～紀元前3000年頃）初期からしだいに始まり、夏王朝（紀元前21世紀頃～紀元前16世紀頃）を経て周王朝（紀元前11世紀頃～紀元前256年）の時代に発展した。こうした初期の酒は、アワやキビ、コーリャン（モロコシ）、コメやさまざまな果物から造られ、古代エジプトや古代メソポタミアの場合と同じように国家官僚の関心をおおいに集めるようになった。特別な官庁が酒造りを監督し、最高の酒を生産する方法についてのノウハウもかなり流布していた。[28] 酒の生産者は、適切な発酵のための厳密なプロセスを熟知しており、その方法は周王朝後期の儒教の古典『礼記』に出てくる。それによると酒を造るには、熟した穀物と完全に清潔な道具だけを使い、適時に酵母を加え、適切な温度の清潔な水で適正な時間だけ煮沸し、最終的に出来上がったものは高品質の陶器の器に入れるべきなのだという。[29]

技術と質が向上すると、酒は「上」の階層の人々の興味を引き始めた。殷（商）王朝（紀元前17世紀頃～紀元前11世紀）の貴族は酒を飲む宴会を開いていたことがわかっている。殷王朝の末期、快楽主義者として知られる王朝最後の王、紂王《ちゅうおう》は酒で池を造り、肉をつるして林に見立て、男た

殷王朝の紂王。退廃を絵に描いたような人物だった紂王は、池を造らせ、その池を酒で満たすよう命じた。こんなことをしたのは愛妾をあっと言わせるためだった。この池は大いに役に立った。紂王に命じられるまま全裸の男女が池で遊び戯れたという。

ちと女たちに裸になって池や林のなかを追いかけっこをするように命じたといわれる。紂王のこの「酒池肉林」のどんちゃん騒ぎは、殷王朝の滅亡をもたらした退廃を典型的に示すものであり、そうした退廃ぶりが、中国初の禁酒令が出されることにつながった。[30]

見たところ気取らない発酵飲料のように見えるが、古代中国で紂王の王朝を滅ぼしてしまったように、ワインは社会を支配する一族を崩壊させる一因となることもある。それどころか、帝国全体をも揺るがしかねないものだった。一説によると、ローマ帝国が456年に倒れたのは、鉛で汚染されたワインがエリート層の肉体や認知機能を衰弱させていたことが原因のひとつだったかもしれないという。

その真偽はともかく、ローマ帝国崩壊後もワインの地位は安泰だった。帝国各地にあったローマ人のブドウ畑はその地を征服した北欧出身者の手に渡ったが、もともとビールを飲んでいた北欧人もしだいにブドウの価値を知るようになった。それだけでなく、ブドウを大事に育て、ブドウの木を傷つけた者には重い罰を与えるまでになった。かつてイベリア半島にあったアストゥリアス王国の9世紀の王、オルドーニョ1世は、コインブラ（現在のポルトガル中西部にある）近郊のブドウ畑を修道会の保護下に置いたという。

同じくビールも、修道会という支配者の庇護のもとで造られるようになった。キリスト教の修道士たちは、アルコールが人間の霊的側面（神性）を呼び覚ますと考えた。アルコールも神性も、洞察力を与えてくれるかもしれない「スピリッツ」――精霊、酒精、精神を意味する――に関連する

ビールを造る修道士。古代の中東やエジプトの文明と同じく、中世のキリスト教会もビールの持つ大きな力を認識していた。修道会は厳しい基準に従ってビールを造っていたので、教区民や近隣住民がビール目当てに縁日や寄付集めの活動に集まってくるほどの高品質なビールだった。

（ブランデーやウォッカのような蒸溜酒つまりスピリッツは、当初は楽しみのために飲むものではなかった。蒸溜技術と風味づけの技術が向上しておいしくなったのは16世紀以降である）。

修道士たちはローマ時代以来のワイン造りの伝統を守りつつ、北欧から来た異邦人のビール醸造法を改良した。スペルト小麦、小麦、オート麦、ライ麦、大麦を栽培し、それらを使ってエールビールを造った。やがてエールは修道会にとって重要な収入源となり、修道会の影響力の源泉にもなっていった。修道会のエールがとてもおいしいという噂は、修道院に泊まった巡礼者や旅商人の口コミで各地に広まったと思われる。教会はエールを利用して祝祭の参列者を集めたり、ギルドの行事に会場を提供したりした。ギルド側も、大量の商品を陳列できる広さがある会場だというメリットをわかっていたから、教会で行事を催していたのだろう[31]。

アルコールを権力行使や富の集積や影響力増大の手段として利用したという点で、中世の教会は、古代の中東や極東にあった諸国家や、古代ギリシャや古代ローマがつくった前例を踏襲していた。だが、いわゆる中世の「暗黒時代」（5～9世紀頃）の末期に復活した西欧諸国も、自分たちのためにそうした手段を使い始めるのは時間の問題にすぎなかった。ヨーロッパの諸都市は、人口も規模も職業の多様性も拡大していた。醸造所や酒場や宿屋があちこちに出現し、それらはたいてい水源の近くに建設された（ただし、どんな水源でもよいということではない。石灰分の多すぎる水は発酵に、鉄分の多すぎる水は透明度に影響する）。

ビールの製造と販売には、自然から受ける制約に加え、政治的な制約もあった。イングランドでは、ウィリアム征服王（１０２８頃～１０８７）がロンドンにエールコナー（酒類検査官）４名を配置し、酒場で売られるエールが適正なものだと保証する役目を担わせた。酒場にエールコナーが来ると、ひと目でそれとわかった。エールコナーは革製の半ズボンをはいていたからだ。これは彼らの制服でもあり職務の道具でもあった。エールコナーの検査方法は次のようなものだった。まず、酒場のベンチにビールをかけ、次に、ビールで濡れた部分に30分ほど座る。その後、立ち上がって半ズボンがベンチに張り付かなければ、そのビールは販売に適していると見なす（少しでも粘ついていたら、そのビールに糖分が残っていた、つまり発酵が不完全である証拠だとされた）[32]。

ほかにも数々の規約が設けられた。たとえばヘンリー5世（1387～1422）は、エールコナーに就任の宣誓をさせ、この仕事は厳粛な職業であると自覚させるようにした。1551年には、イングランドとウェールズで酒場の所有と経営が免許制になった。1516年にバイエルン公ヴィルヘルム4世が発布した「ビール純粋令」では、水と大麦とホップだけがビールの原料として認められると定められた。この法律は現在も有効だ。

数々の規制や品質に対する関心の背後には、商業的な動機があった。ビールを輸出することで多大な利益が得られるだろうと考えていたのである。イングランドのエールの輸出について書かれた最古の文献は、1158年にトマス・ベケットがフランスを訪問したときの記録だ。それによると、このときパリへ向かったベケットの一行には、エールを詰めた鉄張りの樽を積んだ馬車2台も含まれていた。そのエールは、「えり抜きの良質の穀物を使って」醸造されたもので、「フランスへの贈答品」として運ばれたという。これを受け取って味見をしたフランス人は、「すばらしい発明品だと驚いた」。そして、「とても健康に良く、澱がまったくなく、ワインに劣らぬ色合いで、ワインに勝る風味の飲み物」に感心したという。[33]

ところが、イングランドのエールは健康に良く風味も良かったが、持ちが悪かった。ベケットの一行は、パリの訪問先へ飲める状態でエールを届けるために、大急ぎで行かなければならなかったはずだ。当時は、エールを運送できるようにするにはアルコール度が非常に高くなるまで発酵させるしかなかった。だがその後、ホップという第2の選択肢が見つかった。マッシング後の大麦の麦汁に酵母を加える前に、ホップの花を乾燥させたものを加えるのだ。ホップの花にはルプロンとフムロンという物質が含まれており、これらは保存料として作用する。[34] 以降、ビールには持ちをよくするためホップを添加するようになった（エールにはまだホップは使わなかった）。

ビール業界も「持ち」が良かった。ホップのおかげもあって、ビール業界は持ちこたえたばかりか繁栄する一方となった。フランドル、フランスの北部と東部、バイエルンをはじめとするホップ栽培に適した気候の地域では、醸造所の敷地内でホップが栽培されるようになった（ただしイングランド人は甘めのエールを好んだので、18世紀になるまではホップ入りのビールはさほど人気がなかった）。こうしてホップを各地で栽培するようになり、ビールを販売できる地域はぐんと増えていったのである。[35]

国内で消費するだけの生鮮食品だったビールは、こうして国際的に取引される商品に生まれ変わった。そしてヨーロッパ全土で、ビールは永く人気の品となった。ビールを飲んで酔いたい人が多く、需要が絶えなかったうえ、ビール業界や消費者が規制や課税を従順に受け入れたからだ。それは、生産業者にとっても商人にとっても、また国王や領主などの支配者にとっても、夢のようなことだった。特に支配者にとってビールは、国家の財源となるさまざまな税金や手数料を徴収する理想的な手段に思えた。このためヨーロッパでは、ビール醸造に関する法律は、ほかのどの業界の法律よりも重要とされた。[36] 当局は課税額の査定をするためにビールの量と重さを正確に計量し、容器の規格を定め、強度や透明度などの品質を管理した。支配者たちは、金のなる木となったこの発酵食品にほれぼれしながら、厳重に監視を続けた。

だが、監視するだけでは満足しない人々もいた。どこにも負けない醸造所にしようと思い、実際にそう努力する者が多くなってきたのである。14世紀になると、ビールの輸出国の間で競争が激化していった。

たとえばネーデルラント（今のオランダ）では、ハンザ同盟（ドイツ北部の沿岸部のギルドやマーケットタウンの政治的商業的同盟）の加盟都市から来るホップ入りのビールが地元のビールを圧迫するようになっていた。そこでオランダ人は、生き残りをかけてビールの製造方法を変えなければならなくなった。ビールが地元経済にとってどれほど重要かを理解していた支配者たちも手を貸した。14世紀後半、ネーデルラントのホラント伯領の領主であるホラント伯は経済発展のための数々の政策を打ち出した。彼の指揮のもと、干拓事業を行ってビール醸造に不可欠な穀物を栽培するための土地を造成したり、そこに入植する権利を都市に与えて、ビールの醸造所建設や関連事業に着手できるようにしたりしたのである。またホラント伯は、外国産のビールと穀物に関税を課すようにした。ドイツ産ビールの輸入を全面的に禁止した地域もある。[37] そうした政策が功を奏し、以後200年間、オランダのビール生産量は増加し続けた。そしてそれにともない、政府の規制も増えていった。

生産量だけでなく、オランダのビール醸造は、ホップの利用の経済的・社会的・法的環境を整備することでも大きな成果を上げた。伝統的なオランダ産ビールの製法は、「グルート」というさまざまなハーブ類を調合したものが決め手だった。ヤチヤナギ、ヨモギ、ノコギリソウ、カキドオシ、ニガハッカ、ギョリュウモドキなどが使われていたようだ。このほか、ジュニパー、ベリー類、ショウガ、キャラウェイシード、アニス、ナツメグ、シナモンが使われることもあった。場合によってはグルートにホップを混ぜたりもしたが、保存のきく輸出用ビールになるほどの量ではなかった。だがオランダはビール造りの決め手をグルートからホップに変換する方向に舵を切った。また、醸造方法も改良した。こうした努力によって、オランダのビールはドイツ産ビールに対抗できるほどの品質を実現するようになったのである。

長期的な戦略的投資は実を結んだ。ビール醸造はオランダ経済の稼ぎ頭となり、波及効果として、海運業や桶屋などの関連業界にも利益をもたらしたのである。[38] 各地の自治体も潤った。たとえばアムステルダム市は、ビールおよびワインや穀物に対する物品税が最大の財源になり、1552年には約70パーセントを占めるまでになった。このように近世のオランダでは、経済活動を活性化させることで政治的にも社会的にも発展を遂げたのである。[39]

もちろん、税収を歳入の基本とする社会といえども、税を納めない者は必ず存在する。貴族は酒に関係する物品税を払っていなかった。修道士や修道女、造船業者も非課税だった。[40]

だが、多くの納税者はそんなことは大して気にしていなかったようだ。課税されている品の効果

ダフィット・テニールス（子）の『ビールジョッキを抱えながら煙草を吸うふたりのオランダの大酒飲み *Two Dutch Topers Clasping a Beer Jug and Smoking*』を版画化したメゾチント。1831年頃。ビール醸造にホップを使うようにした結果、オランダはビール輸出大国になった。ビールの国内消費量も桁外れだった。ビールの多様性、賢明な課税と規制がビール業界を支え、オランダ社会はそれまでの近世ヨーロッパでは見られなかったほど繁栄した。

が、そうした負担の痛みを和らげる何かをもたらしていたと思われる。その頃から、オランダ人は桁外れの大酒飲みだと言われるようになった。エリザベス朝の詩人トマス・ナッシュは、イギリス人は「酒を飲み過ぎる」と嘆いているが、ナッシュに言わせれば、この問題は、イギリスがネーデルラントに政治的に関与した結果、ネーデルラントの影響を受けてしまったせいだという。実際、オランダで最もよく口にされる飲み物は、水を別にすればビールだった。15世紀から16世紀にかけてのひとり当たり1年間のビール消費量は、推定で約400リットルに上ったらしい。平均すると、成人は1日4リットルものビールを飲んでいたことになる。職人たちの酒量はさらに多かった。[41] そしてビールは、課税されていたとはいえ、ただ同然に安価だった。1650年代の酒場では、タンカードというビール用大ジョッキ1杯が半スタイフェル（現在の貨幣価値で約1・19米ドル、約0・91英ポンド）だった。[42]

飲めば酔っ払えるという単純明快な魅力に加え、ビールがオランダ人にこれほど愛飲されたのは、ビールがバラエティに富んでいたからだ。ビールは大まかに3種類あった。高価で高品質なもの、安価で水っぽいもの、そして、この中間にあるものだ。[43] 第1のカテゴリーのビールは、輸出用でなければ、ハーブ類を加えた富裕層向けのビールだった。デルフト、ハールレム、アメルスフォールトのビール醸造所はかなり強いビールを造ることで名をはせ、それらはステータスシンボルになったばかりか、高級品というイメージを保つためにできるかぎりのことをした。第2のカテゴリーのビールは通常は食事をしながら飲むものであり、第3のカテゴリーのビールは幅広い場面で飲まれた。

ビールのアルコール度数や風味は、そのビールがどの段階のマッシングから造られたのか、1番絞り麦汁か、2番絞り麦汁か、3番か、それとも4番かによる。また、洗練された味覚を有する富裕層向けには、ハーブやスパイスで風味を加えることもあれば、健康増進に役立つようにハーブやスパイスを添加することもあった。たとえばドルトレヒトという都市では、貴重な医療用のビールが造られていた。[44] カイトというホップを使わないオート麦のエールが大人気になったこともある。重いビールを好む人々はディケンビールやスワラー・ポータースビールを飲んだ。スカービアは弱めで、すぐ酔えることではなくビールとしての純粋さが魅力だった。また、弱いビールだったので課税対象ではなかった。同様に非課税の軽いビールとしては、スヘープスビールつまり「船のビール」という名前のビールもあった。[45]

このようにビールにはさまざまな種類があったことから、都市の行政府としては、ビールの製法と表示の正確性を管理するための法律を作る必要に迫られた。その法律では、ビールの添加物と色による区別が求められた。そして、この色による区別は、使用するモルトの種類、醸造時期、アルコール度数、対象とする顧客層、生産地によって決定された。さらに、規定に従った製法の遵守と一定量以上の穀物――たいていはオート麦、小麦、ライ麦、そして安価な大麦――を使用することも法律で定められた。また、適切な発酵を担保するために、醸造したばかりのビールを倉庫で保管できる期間も定められた。[46]

ところが、新しくできた法律はほとんど機能しなかった。故意か故意でないかはともかく、免許が裏取引されていたために統一基準の実施はほぼ不可能だったからだ。たとえば、ある醸造業者は

大麦。19世紀のドイツの教科書に記載された図。ビールにはさまざまな穀物が使われ、オランダの法律ではそのすべてに厳格な規定があるが、なかでも大麦は、最も安価な原料だった。そのため、オランダでは多種多様なビールに使用された。

「ディケンビール」という伝統的な名前を付けてビールを出荷していたが、実際に出していたのはまったくの新しいビールと言ってもいいほどに法律で定められた製法から逸脱していた。[47] マスコミの存在しない時代には、醸造業者に協調的な行動を取らせることなど、とうてい無理な話だったのだ。

法律などなくても守られていたのが、醸造そのものだった。この点だけは、エジプトのファラオの時代からほぼ不変だ。ただし、醸造中――発酵のプロセス中――に何が起きているのかについての知識は新しくなっていた。醸造技術は洗練され、こまかいことまでわかってきた。オランダでは上面発酵の酵母も下面発酵の酵母も知られていたが、史料から判断すると、オランダでは上面発酵の酵母で造ったビールのほうが好まれたようだ（とはいえ、冬に醸造するビールにはじっくり発酵する下面発酵酵母も使ったらしい）。

酵母の添加は醸造業者によりさまざまだった。前回醸造したビールを加えて発酵させる業者もあれば、マッシュにパンを投入する業者もいた。使用する器具を洗わず、それまでに造ったビールの残留物を残しておくだけ、という業者もいた。この最後の方法では望ましくない酵母が混じってしまう場合もあるが、15世紀には、使用する酵母に異物が混じらないよう清潔な容器で保存するようになっていた。そして、麦汁を発酵タンクに注いでから、この混じりけのない酵母を加えた。タンクの麦汁が十分に発酵したかどうかは、火のついたロウソクを近づけて判断していた。ロウソクが消えれば発酵が十分だと見なしたのである。炎が消えるのは発酵によってタンクから発生する炭酸ガスが高濃度になっているから、という理屈である。[48]

15世紀から17世紀のオランダでは、ビールの醸造方法に変化はほとんど見られなかった。醸造業界に不可欠な器具としては、マッシング用のタン（大樽）、麦汁と水を煮沸するための釜、冷却用の桶、発酵用の桶と樽、そして、火を焚いたり穀物を移し替えたりするためのシャベル、熊手、攪拌用のへらなどさまざまな道具があった。下面発酵の一次発酵（主発酵）は深い桶で10日間から12日間かけて行われた。これに続いて樽で二次発酵が行われるが、その際は樽にいくらかの空間を作っておき、密封してから、冷却用の微風が届く場所で寝かせる。上面発酵のエールの場合は樽で3日間発酵させた。[49] 上面発酵でも下面発酵でも、澄んだビールにするためには、清澄剤《せいちょうざい》［液体の濁りを除去する物質。液体内を浮遊している固形物を吸着させて沈殿させる］としてブタやウシの足、清潔な砂や石灰、オーク材の樹皮の粉末やアイシングラスと呼ばれる乾燥させた魚の浮き袋を使ったようだ。[50] この最後のアイシングラスは今も使用されている。

オランダでは、ビールは帝国建設の資金を稼いでくれる輸出品と見なされていた。まもなく他国もビールの改良にこぎ着けると、オランダと同じようにビール貿易に参入した。１５５３年、バイエルン公［バイエルンは現在のドイツ南部のミュンヘンを中心とした地域］アルブレヒト5世が夏期の醸造を禁止した。夏の暑さが酵母に影響し、そのような酵母で造ったビールは香りも風味も売り物にならないほどひどくなってしまうからだ。アルブレヒト5世は、醸造シーズンを聖ミカエルの祝日（9月29日）から聖ゲオルギオスの祝日（4月23日）までと定めた。[51] 下面発酵の酵母は寒冷な気候のほうがうまく働き、明るい色で風味豊かなビールができる。当然、このビールは人気を集めた。そしてその人気はすぐにボヘミアへも伝わり、ボヘミアの都市プルゼニ――ドイツ語の呼び名ではピルゼン――ではある民間の醸造所が、繊細だがわずかに苦味のある美しい淡色のビールを開発し

写本『サン・グレゴワールの対話 *Dialogues de Saint Gregoire*』の挿絵『ブドウ摘み *The Vintagers*』。13世紀頃。さまざまな発酵飲料のなかでも、ワインは標準化と工業生産化の試みに最も抵抗している。ワイン造りのノウハウは長い伝統にしっかりと根付いており、中世以来ほとんど変わらないどころか、古代ギリシャ・ローマ時代から変わっていない。

た。この風味と色合いの魅力的なコンビネーションが生まれたのは、この醸造所が使っている、不純物がほとんど含まれていない軟水の賜物だった。[52]

ただし、ひとつだけ問題があった。その醸造所で使用していた酵母は気まぐれで、たまに酸っぱいビールになってしまうときがあったのだ。世界屈指の軟水でも、そうした品質のばらつきを防ぐことはできないと思われていた。

ではワインについてはどうだろう？　ワインも

生産地の環境と不可分の関係にあるので、標準化したり商品化したりするのは簡単ではなかった。ワインはその「テロワール」――生産地の地形、土質、水質、局地的気候などの要素――に大きく左右されるため、安物は別にして、どのワインも製造工程を機械化することは難しかった。しかもビールと同じく、微生物のせいでワインが壊滅的な被害を受け、醸造業者をひどく落胆させることもあった。

次の章では、微生物学界の大御所ルイ・パスツールの努力によって、腐敗の防止を中心に、ワインの品質を大きく向上させるようすを見ていくことにしよう。また、パスツールの画期的研究をビールに応用する人々もいた。その成果は広く普及し、ビールという飲み物を大きく変えてゆくことになる。

# 第2章 「大きな進歩」
## 発酵飲料の工業化

厳禁を手に入れるならビール造りが最善の方法。

ギネスはポーターを作り、ポーターがギニー金貨を生む。

――R・E・エジャトン=ウォーバートン著『グレート・ダブリン・ブルワリーを訪ねて[1] *On Visiting the Great Dublin Brewery*』

19世紀のこと、フランス産のひどいワインが大問題になった。フランス革命後、ブドウ畑は量より質を重視する貴族の持ち物から農民の所有となり、増産に励んだ結果、ワインは穀物に匹敵する主要作物となっていた。ブドウ畑が次々と造られ、1850年にはフランスの国土のうち200万ヘクタールがブドウ畑になった。もちろん良いこともあった。階級を問わず、皆がワインを飲むようになったことだ。農民も兵士も工場労働者もワインを飲むようになり、ブルジョアは誰もがワインを豊富に貯蔵したワインセラーを持とうとした。しかしワインの大増産――それは確かにいさましい試みではあった――をするためには、まだまだ改良しなければならないことだらけだった。病害にやられて、大損害をこうむる年が続いたのである。[2]

ワイン醸造業者から見れば、こうした病害は悪い魔法にかかったようなものだった。見たところは上質の白ワインなのに脂っこい味になった。赤ワインは苦くなった。暖かい日が続くと、赤ワインにも白ワインにも、絹のような糸状のものがまるで波のように広がっていくことがあった。透きとおった色のロワール渓谷とオルレアンのワインはにごるようになり、香りも風味もないどろどろの液体になってしまった。[3] 病気にやられたワインのために樽は膨らみ、そのなかには「悪党ども」がいるのだと人々は言った。最悪なのは、その病気がワインの味を殺してしまうことだった。モンペリエのある大手ワイン醸造業者は、最高級のワインができたとよろこび、そのように宣伝もしていたのに、いざ出荷すると、水で薄めて出荷しているのではないかと疑われ、破産騒ぎにまでなった。病気で風味がなくなっていたのだ。売り上げは悪化、醸造所の命運は尽きた。

これは、ワインがフランス国内の食卓だけに上っていた時代でも十分に悲惨な話だが、フランスが1860年にイギリスと自由貿易協定を結ぶと、病気にかかったワインはフランス国内の困りごとから国際的な問題になってしまった。[4] びんからワインが出てこないほどゼリー状にかたまるほどではなかったものの、酸っぱかったり苦かったりするワインを輸出することがたびたび起きた。これを輸入したイギリス人は特に騒ぎはしなかったが、二度とフランスのワインを買わなくなった。「理由は簡単だ」とある卸売業者は語っている。「最初はこのワインの到着を大歓迎したが、すぐに大失敗だとわかった。あの病気のワインは取り引きを大損させただけでなく、終わりの見えないトラブルを引き起こしたのだ」。[5]

そこに登場したのが、科学にも国家にも誠実であろうとするルイ・パスツールだった。1863

19世紀の微生物学の巨人ルイ・パスツール。彼の研究によって、発酵や細菌感染症、病気の予防についての認識が改まった。

年、パスツールは皇帝ナポレオン3世からワインの病気の原因を調べるように依頼された。パスツールが適任だったのは間違いない。当時すでに、自然発生説（微生物が無生物から発生するという説）の誤りを立証し、発酵という複雑な現象を理解しようと研究を進めていたからだ。1860年にはすでに名著『アルコール発酵についての報告 Memoire sur la fermentation alcoolique』を発表していた。これは、アルコール発酵の歴史について精緻に記述するとともに、自分の行った実験について詳細に述べた論文だった。

このなかで彼は、当時の一般的な学説、つまり「アルコールは化学的発酵作用の結果であって、酵母はこのプロセスの触媒ではなく、ただの副産物だ」という説に反論している。パスツールによれば、同じ培地であっても、そこに入れる微生物によって異なる発酵が認められた。酵母のもたらす発酵と乳酸菌による発酵は別種のものだという。[6] その結果から考えられるのは、発酵に介在する微生物の種類を管理すれば、発酵の質を管理できるという説だった。

パスツールの関与は、まさにフランスが待ち望んでいたことだった。フランスのワイン造りの現場では、微生物をしようとするような業者はどこにもなかったのである。この微生物学の草分けの見解によれば、病気がはびこっているために「フランスのワイナリーは、それが裕福なワイナリーであれ零細なワイナリーであれ、ワインの変質という事態を一度も経験したことのないところはひとつもないと思われる」。[7]

パスツールは実験を行うため、故郷のアルボワへ向かった。アルボワはジュラ県のワイン生産地域の中心にあり、バラ色のワインと黄褐色のワインで有名な町だ（子供の頃のパスツールはこの町のブドウ畑を走りまわっていた)[8]。彼は学生3人とともに地元のカフェの奥の部屋を専有し、顕微鏡や微生物培養器、試験管、試験管立て、ガスバーナーなど、実験に欠かせない器具を設置した。カウンターの向こう側には周辺地域のワインのサンプルを並べた[9]。いかなるときも念には念を入れるパスツールは、アルボワの町はずれにあるブドウ畑も購入していた。そのブドウ畑で、ブドウ摘みから澱引きまで、ワイン造りの全行程を観察できるようにした。

パスツール本人がこのワインの里にいることはすぐに知れ渡った。ワインの品質に満足できなかった最高級ワインの生産者たちから、パスツールに続々とサンプルが送られてきた。パスツールは顕微鏡でそのサンプルを調べ、びっしりと群がる細菌を発見した。これこそが、最高のヴィンテージでさえ脂っこいどろどろのワインになってしまう原因だった。

彼の課題は、ワインを腐敗させる微生物を発見することから、その微生物を取り除くことへ進んだ。まず化学物質で処理しようとしたが、これは扱うのが難しいとわかった。処理の結果がまちまちになるうえ、ひどい味になってしまうことが多かったからだ。そこでパスツールは、フランスのワインを苦くしている細菌を熱処理してみようと考えた。そして、ブルゴーニュとボーヌとポマールから取り寄せた、製造年の違う——1858年産、1862年産、1863年産——最高級ワイン25本を48時間立てたまま放置し、澱が沈殿するのを待った。その後、澱をかき乱さないようにしながらサイフォンの原理でワインを取り出し、どのボトルにも1立方センチだけワインを残してから、ボトルを振って残りを混ぜ、それを顕微鏡で調べた。ワインそのものはまだ苦くなっていなかったが、やがて糸状の物質が出現するのは時間の問題だとパスツールは予測した。そしてその糸状の

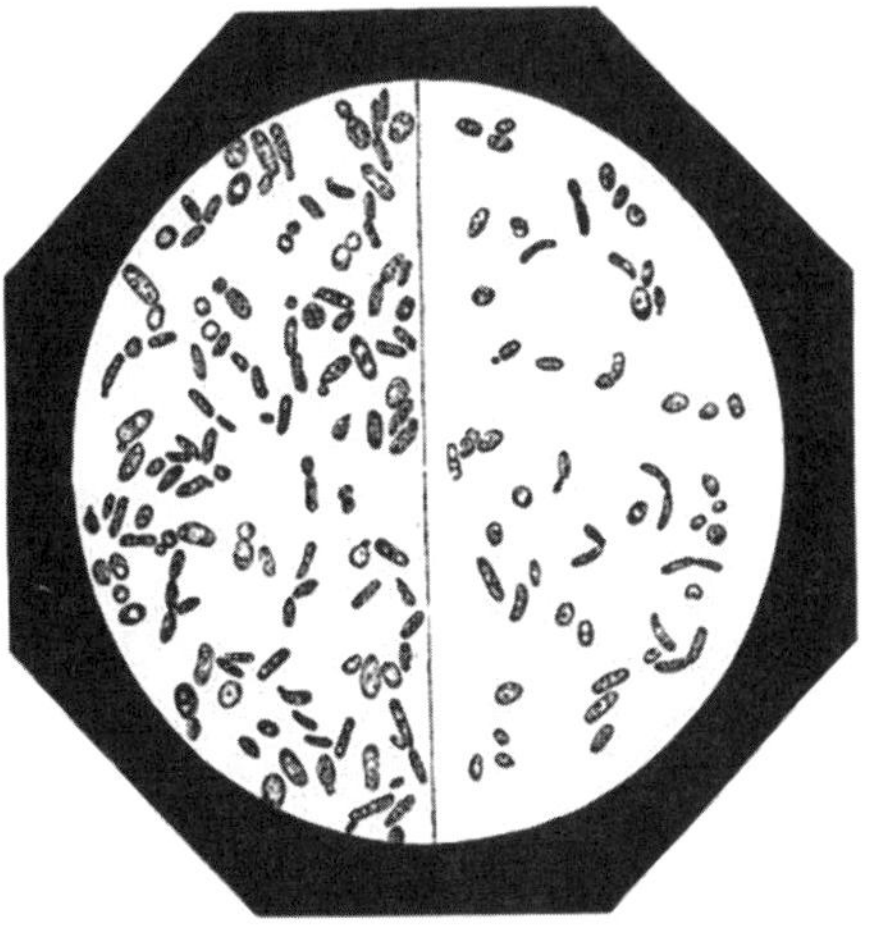

パスツールがワインに含まれる微生物を観察して描いた図の複製。この観察の結果パスツールは、この微生物がワインを腐らせたり、苦くて飲めないものにしたりすると考えた。

ものが成長するままにしておけば、あの特徴的な影響が出てくるだろうと思われた。[10]

次にパスツールは、各地域のワインのボトルを60℃に温めてから冷却し、熱してないボトルと一緒にワインセラーに置いた。ワインセラー内部の温度は13℃から17℃の間になるように保たれていた。その後、15日置きにボトルを持ち上げて光にかざし、糸状の物質の形を調べた。すると、熱していないボトルのすべてに、浮遊する澱が6週間以内に形成されることがわかった。澱が最も多かったのは1863年産のワインだった。一方、熱処理したボトルには澱はまったく現れていなかった。[11] 画期的発見だった。お祝いにパスツールは、糸状の物質がまったく見られなかったワインで乾杯した。

パスツールの実験は、発酵について広く信じられていた説に挑むものだった。というのも、ビールやワインの醸造業者にとって、酒造りは科学ではなくアート（職人技）だったのである。出来の良さはすなわち造り手の技術の高さだと考えられていた。酒造りのプロセスについてその頃もっと実証的な説明を求めていたのは、職人技ではなく科学に関心がある人々だった。そうした人々は、怪しげではあるが有名になった実験結果を参照しながら、発酵とは化学反応だとしだいに思うようになっていった。

だがこのような考え方が広く受け入れられるようになるまでにはかなり時間がかかったのは事実だ。18世紀末まで発酵の仕組みはほとんど解明されておらず、発酵の結果だけが知られ、しかるべく分類されていただけだった。食酢《しょくず》の酢酸《さくさん》発酵や酸っぱくなったミルクの乳酸発酵は以前から知られていたし、特に食品の腐敗（発酵）は特徴的な悪臭ゆえに誰もが知っていたが、[12] リンゴ果汁がリンゴ酢になったり、生乳が凝固して酸っぱい凝乳《ぎょうにゅう》になったりする正確な理由はわかっていなかった。

これを説明しようとする説がまったくなかったわけではないが、それらは機械論的あるいは化学的な説だった。17世紀のフランスの哲学者で数学者のルネ・デカルトは、ビールやワインの大樽に泡が立つのは、互いに混じり合い入れ換わる力が働くためだと考えた。18世紀フランスの化学界の草分け、アントワーヌ＝ローラン・ド・ラヴォアジエもこれを認めたうえ、数学的裏付けまで整理した。ラヴォアジエによれば、発酵とは、平衡方程式と代数学的定式化で説明できる現象であり、それによれば天秤ばかりの皿の片方に砂糖を載せれば、発酵後、発生した炭酸ガスの重量と形成されたアルコールの重量の合計によって天秤が釣り合うことになるのだという。[13] 空気と運動が発酵を促すのは、それらが動きを引き起こすからで、化学者によれば、それこそが、ブドウをつぶし、パン生地をこね、ビールの麦汁をマッシングしなければならない理由なのだ。

びっくりするかもしれないが、当時は、発酵は増殖ではなく腐敗によって進行するという考え方も広まっていた。[14] 生きているように見えるけれども、ワインやビールの大樽が泡立っていることが、死んでいること、分解が進んでいることの証拠なのだという。当時の通説にはいくつかのバリエーションはあるものの、通底している考え方がひとつある。それは、発酵は生物学的現象ではなく化学的現象だというものだ。もしこれを否定すれば、妄想にとらわれているとは言われないまでも、当時は見当違いだと見なされる恐れがあった。

しかしパスツールは、実験から明らかになった事実を否定することなどできなかった。発酵は生物学的な原因によって起こるのだ。

この発見のために、パスツールは当時の化学的な発酵理論の第一人者であるユストゥス・フォン・リービッヒと対立することになった。リービッヒはミュンヘン大学の化学教授を務め、フランスの科学アカデミーやイギリスの王立協会など欧米の重要な学術組織ほぼすべてに所属していたばかりか、男爵でもあった。彼は1816年の世界的飢饉、いわゆる「夏のない年」を経験していたことから、科学の目的は実用的なものでなければならない、という信念があった。そして化学に関心を抱いたのだが、当時の化学は錬金術などの神秘的な秘術の親戚のようなものだった。

リービッヒは、新興の科学である化学をこの呪縛から解放し、化学がしかるべき尊敬を受けるようにしたいと思っていた。少年の頃の凶作の年が教えてくれたように、化学で社会と産業の問題を解決することが、その念願をかなえるための方法だった。そこで彼は、人工的な肉エキスやミルク

ユストゥス・フォン・リービッヒ。ドイツの先駆的科学者であり、化学の分野を進歩させたが、時代遅れの理論に固執してもいた。そのひとつが、発酵作用は増殖ではなく腐敗によって説明できるという思いこみだった。

エキスを開発し、1870年の普仏戦争ではプロイセン軍に支給する固形ブイヨンを開発した[15]。また、肥料を開発したり、栄養理論を唱えたりもした。実際、彼の研究の数々はその後の長きにわたって状況を変える現実的な力となり、欧米では、彼の少年時代の飢饉は、自然災害によって生存を脅かされる危機としては最後の危機となった（残念ながら、人間が作り出す危機のほうは以後も数多く現れる）。だがその博識にもかかわらず、リービッヒはパスツールが論破したアルコール発酵論に固執した。

リービッヒが時代遅れの理論に傾倒していたことは、彼が助言をしていたドイツの食酢産業に大きく影響した。当時の食酢造りは「ブナ材を薄く削ったものを使う方法」が主流だった。ブナ材の（かんな屑などの）薄片を大きな樽に充塡し、その上から仕込み液（ワインやビールなど）を滴下する。樽の穴から空気を供給しつつ、仕込み液をブナ材の表面を流下させて酢酸発酵をうながすのである[16]。リービッヒはこの工程について、ブナ材の薄片が仕込み液に対して乾燥・腐敗した木材のように作用し、アルコールが大気中の酸素の働きにさらされると考えた。この過程で仕込み液中の水素量の3分の1が取り除かれ、結果としてアルデヒドが生ずる。次にアルデヒドが酸素と結合し、酢酸となる。ブナの薄片は多孔質の物体として働き、酢は直接的に酸化することによって作られる。ここではブナ片が多孔性であることだけが発酵の唯一の作用因子であり、酢が作られるプロセスは不完全燃焼のひとつである、とリービッヒは信じていた。生物学的現象とはまったく無関係なのだという[17]。

だがパスツールはリービッヒの説を疑っていた。1861年、パスツールはオルレアンの食酢工場を訪問した。じかに食酢造りを観察して、自説を改めるべきかどうかを判断するためだった。酢を汚染しがちなのは酢線虫《すせんちゅう》という小型の線虫の一種で、製造業者はこれの除去が酢造りのプロセスでは重要だと考えていた。だが、パスツールのほうがよくわかっていた。酢の樽が十分に濾過されていないのを見て、このような状態では、望ましくない微生物がどんどん増殖して望ましい微生物を阻害してしまうと考えた。発酵を成功させるためには、「酢母《さくぼ》」——仕込み液の表面に形成される有益な微生物のゼリー状の塊——だけが役に立つ。酢母を表面に浮かせたままにすれば発酵は途切れず、酢母を仕込み液のなかに沈めれば発酵は止まる。[18] 自分の出した結論に自信を持っていたパスツールは、「酢母」を形成する細菌である酢酸菌《さくさんきん》（*Mycoderma aceti*）がワインを食酢に変える唯一の因子だと結論し、それに関連する特許を取得した。[19]

パスツールは、ブナ材を削った薄片が食酢造りには確かに有効だという所見をリービッヒに伝えた。同時に、ブナの薄片が重要なのはそれが多孔質だからではなく、ブナ材が酢酸菌のすみかであるからであり、すべては酢酸菌の働きによるのだと述べた。リービッヒの反応は懐疑的だった。そこでパスツールはリービッヒに、ブナの薄片を顕微鏡で調べ、自分の目で見てもらいたいと頼んだ。さらに、薄片をフランスの科学アカデミーへ送ってもらいたい、とまで依頼した。科学アカデミーの会員がきっぱりと最終判断を下してくれるだろうと期待してのことだった。

リービッヒは返事をしなかった。リービッヒが頑固に沈黙すればするほど、彼の自国であるドイツの経済的損失につながるだろうに、とパスツールは思った。普仏戦争でフランスが敗北したことに照らして考えれば、この見通しはフランス人であるパスツールにとっては一種の朗報でもあった。

戦場での戦いではフランスは屈辱を味わったが、ビール造りやワイン造りといった産業では勝つことができるのだ。

この学術的な対立から、パスツールは重要な洞察も得ている。微生物が民族の運命を決定することもありうる、ということだ。「ビールやワインがそっと入りこんだ微生物をかくまい、その群生地となったために大きな変質をこうむるのを目にするとき、同様の現象は動物にも起こりうる、いや起きるはずだ、と考えないわけにはいかない」と彼は述べている。[20] 1870年以降、彼は発酵の研究で得た知識のすべてを当時最も深刻だった病気——狂犬病や炭疽症などの治療に応用していくことになる。また、彼の研究から恩恵を受けた食品産業も、それまでは伝統的な手法で作られていた発酵食品を大量に生産する方法を改良し、そうした製品が人々の食生活を変えていった。

1877年1月、デンマークのビール醸造業者J・C・ヤコブセンは、パスツールの学説に強く魅了されていた。パスツールがビール生産における衛生について書いた論文こそが、当時の彼の醸造所であるカールスバーグを悩ませていた深刻な問題——ビールが悪臭を放ち、酸っぱくなるという問題を解くカギになると考えたからだった。ヤコブセンは大きな野心を抱いていただけに、腐敗による大きな損失を見過ごすわけにはいかなかった。彼はビールを大規模に醸造し、自国で販売したいと考えていた。フランス同様、デンマークでもかつてないほど大量にアルコール飲料を飲むようになっていたからだ。こうした需要をぜひとも満たしたいと思っていたヤコブセンは、コペンハーゲン大学の著名な教授ヤペトゥス・ステーンストロップに手紙を書き、パスツールの技術に精通し

エミール・クリスチャン・ハンセン。研究室にて。この場所で彼の重要な研究の多くが行われ、微生物の性質と行動に関する彼の研究が大規模ビール醸造の前進につながった。

た人を紹介してもらえないかと頼んだ。ステーンストロップはこの依頼に応じてくれた。そして紹介してもらったのが、エミール・クリスチャン・ハンセンだった。

アルコール中毒の元軍人である父親と洗濯女として働く母親の間に生まれたハンセンは、少年時代は落ち着きのない夢見がちな子供で、俳優になりたいと思っていた。だが俳優にはなれそうもないとわかると食料雑貨店へ年季奉公に出たが、言うことをきかないにもほどがあると厄介払いされてしまった。その後、ペンキ塗りの仕事をし、やがて人物画を描くようになったが、美術アカデミーの入学試験に不合格となり、ゆくゆくは画家になるという道も行き詰まった。そこで、父親と同じように軍人になろうと思い、イタリアの民族主義者ジュゼッペ・ガリバルディ将軍の軍に入隊したが、考え直して教師になることにした。それからしばらくは教師を続けたが、やがて地元の植物を研究している同僚の教師に感化され、自分もコペンハーゲン大学で自然史の学位を取ろうと決めた。そしてコペンハーゲン大学で、生涯にわたり熱中することになる微生物学と出会い、その研究を続けるために、E・C・ハンセンという作家名で年鑑や雑誌に小説を寄稿して学費を稼いだ。後には、イギリスの博物学者チャールズ・ダーウィンの『ビーグル号航海記』をデンマーク語に翻訳することもしている。[21]

やがて、哺乳類の堆肥に生じる菌類に関する短い論文で金賞を得て、彼はついに自分の天職を見つけたと確信した。そしてピーター・ルートヴィヒ・ペーノム教授の研究所で発酵生理学の研究を続けた。ヤコブセンが酵母を研究している科学者を探しているという話が届いたのは、ここで研究を行っているときのことだった。ハンセンは自分なら適任だと思ったが、その前にまず、執筆中の博士論文を完成させねばならなかった。それはビール内の微生物に関する論文だった。数年前のパスツールの業績に基づく彼の発見は、ビールの大量生産での酵母の使用法に革命をもたらすことになる。

酵母についても、それまでは細菌に比べればほんの少しだけわかっているという謎めいた存在にすぎなかった。酵母が存在することは誰もが確かだと認めており——英語の酵母「イースト(yeast)」は古英語の「ジスト(gist または gyst)」に由来し、そのインド・ヨーロッパ祖語のルーツである yes- は、「煮沸」、「泡」、「あぶく」という意味である――ビール醸造やパン焼きに酵母を利用していることも揺るぎない事実だったが、酵母のメカニズムについてはまだ謎のままだった。食品や飲料での酵母の利用の幅を広げようとする試みは、試行錯誤的に行われていた。17世紀の末期にはオランダの商人、アントーニ・ファン・レーウェンフックが初めて酵母細胞を確認している。自作の複合顕微鏡でビールの滴《しずく》を観察したところ、いくつかの物体が見え、その一部は「まん丸」だったという。また彼は、「ふぞろいのものや、ほかより大きなものもあった」とも書いている。さらに観察を続けると、いくつかのものは「ふたつか3つか4つの粒が結合して」できているように見えたが、「酵母の完全な小球体を形成する6つの小さな球体」もあったという。[22]

ビールのなかにそうした小球体が存在すると発見できたことは、酵母の理解が進んだことを示すものだった。しかし、なぜそれらが存在しているのかというところまではわかっていなかった。科学者がその問題に頭を悩ませ続けている間に、ビール醸造業者は独自の説を唱え始めた。１７６２年、イギリスのビール醸造業者だったマイケル・カンブルーンは著書『ビール醸造の理論と実践 *The Theory and Practice of Brewing*』のなかで、次のようなややこしいことを言っている。「混合物の内部で見られる小さな粒の動きは、動き続けることによって、小さな粒が徐々に以前の状態から離され、目に見えるほど分離した後、別の順序と配置で結合し、新しい複合物を形成する」[23]。彼にとって、発酵とは永遠に続くプロセスであり、やむことのない活動であった。「この動きが、ビールが申し分のないものになった後も続くことは明らかである。変質もすべて発酵の続きにほかならないからだ」と彼は結論づけている。「変質が微小であればあるほど刺激的風味が強まり、人間が飲みやすいものとなるように思われる」[24]。

ビール造りに酵母が必要だということに対する当惑を増大させていたのが、ワイン造りには酵母が不要だという事実だった。なぜならワインは自然に発酵するとしか思えなかったからだ。カンブルーンはこの謎を説明しようと試み、こう仮定した。ワインの発酵では、さまざまな必須の小さな粒が動き始めるのに足るだけの熱が、当初から十分備わっているが、それに対しビールの醸造では、煮沸と乾燥の形で熱を加えるので、麦汁から空気が取り除かれ、そのため触媒として酵母が必要となる、と。カンブルーンの感触では、酵母を加えるのは、「浮き袋がすべて一度に破裂し、自然の目的である緩やかな作用を妨げることになる」ような段階であるべきだという[25]。彼のこのかなり難解な説明では混乱を払拭することはまずできないが、これこそ、ある種の食べ物や飲み物を作るときに特定の微生物が必要なのはなぜか、という理由を見つけ出そうとした試みだったのである。

18世紀から19世紀に移っても、こうした「試み」は増える一方だった。１８０５年、リチャード・シャノンは著書『ビール醸造の実践論 *Practical Treatise on Brewing*』でこう書いている。発酵は「十分な水があるところで、発酵しうる物質の構成物質を分解し再結合するという自然の道筋」であり、「呼吸と同類の」道筋、「明らかに下等の燃焼」なのだという[26]。一方、ウィリアム・ロバーツは当時の研究状況を冷静に評価し、１８４７年に出版した著書『スコットランドのエール醸造者 *Scottish Ale Brewer*』で発酵についてこう言っている。「その謎はその原理にもとづくものだが、今も突き破れない壁のまま立ちふさがっている」。しかし、「この微妙で複雑な謎を理解したと今や独善的に断言している人々」も、いずれは自説の「無知と思いこみの程度」が明らかになって、激しく非難されることになるだろう。[27]

ビールという霊薬をもたらす物質の働きについて正確に記述されるようになったのは、1835年になってからのことだった。その年、フランスの機械技師シャルル・カニャール・ド・ラ・トゥールが発酵中の酵母の変化を顕微鏡で観察し、その結果、酵母は植物に似た生きている有機物であり、これがアルコール発酵を起こす能力を持つのだと主張したのである。[28]その2年後、ドイツの有力な科学者テオドール・シュワンも同様の結論に達し、アルコール発酵が生きた酵母の塊の結果であることを実証してみせた。ショ糖の溶液を用意し、そこに2種類の空気――ひとつは周囲の空気から採っただけの空気、もうひとつは周囲の空気から分離して加熱した空気――を注入した。[29]すると、熱した空気を注入した溶液は発酵しなかったが、周囲の空気のほうは溶液が発酵した。しかも彼は、酵母が泡立ち、「ひとつの細胞の内部にいくつかの細胞」があること、つまり胞子形成に気づいた。[30]つまり彼は、微生物が好みの食物を得たときの生物学的な作用を見たということだ。シュワンはこの微生物を「砂糖カビ」(Zuckerpilz)と名付けた。[31]

ただしカニャール・ド・ラ・トゥールとシュワンの唱えた説は、その頃数多くあった学説のなかのふたつにすぎず、発酵は化学的作用だと固く信じている人々との論争が止むことはなかった。生化学者のアーサー・ハーデンが「化学界の権威にして独裁者」と呼んだスウェーデンのイェンス・ヤコブ・ベルセリウスは、発酵に酵母が関与していることは認めたものの、酵母は「沈殿したアルミナでもなければ生物でもない」と書いている。[32]ベルセリウスの考えでは、酵母は「触媒」であって、「それにより物質が、その物質の親和性によってではなく、その物質の存在そのものによって、

イェンス・ヤコブ・ベルセリウス。当時は新興の分野だった化学の世界で第一人者の地位に登り詰めた。彼の見解によれば、酵母がさまざまな発酵食品に存在することは認められているが、酵母が発酵作用を起こすのではなく、発酵を促進する役割を果たしているのだという。この見解が当時の化学界の主流だったが、その後、パスツールとハンセンがそれぞれの発見を根拠に、この意見をくつがえした。

通常ならその実験の温度では静止状態にある親和性を喚起できるようにするものであり、その結果、複合体の要素の配置がおのずと変わり、それによって電気化学的な中和がより大きく達成されるようになる」[33]ものだった。つまり、酵母はアルコールの生成を促進するものであり、酵母そのものがアルコールを生成するわけではない、ということだ。

パスツールと対立したユストゥス・フォン・リービッヒも、発酵は完全に化学的な作用だと考えた。リービッヒの考えでは、発酵作用によって糖分に含まれる炭素が二酸化炭素とアルコールに変化するが、これは「空気に接触することによって、糖分を含む植物の液に」電荷が「かかるからであり、その糖分には液中にある窒素を含む組成物の窒素すべてが含まれているからである」[34]。蓄積された窒素に由来する不安定性が「同様の不安定性を糖分に」もたらすので「発酵」が起きるのだという[35]。リービッヒによれば、これは生きている有機体のプロセスが影響する変化ではなく、分解がもたらすものなのだ[36]。しかしリービッヒの主張を買う人々もいたものの、19世紀半ばには、大半の科学者がカニャール・ド・ラ・トゥールに同意し、酵母は生物であり、ビール醸造の成功に不可欠なものだと考えるようになった。

この点について、パスツールは1860年に書いたアルコール発酵に関する論文で核心をついている。「要するに、発酵の化学的作用は生命活動と相関的な現象であり、生命活動から始まり、生命活動で終わる」のだという。「私の見解では、同時に存在する有機体とその成長、細胞の増殖、およびすでに形成されている細胞の生命の継続がなければ、アルコール発酵は起こりえない」[37]。つまりパスツールにとっては、生命がなければ発酵はありえない。そしてビールの場合、この生命とは酵母のことだった。
　パスツールと同意見の科学者たちは、酵母はどれも同一の種の有機体、微生物の一種であるかのように論じたが、実際には酵母は多様だった。パスツールはこのことに気づいてはいたものの、こうした有機体の違いを認めたり分離や分類を試みたりしようとはしなかった。「私はこれらさまざまな酵母に特定の名称を与えなかった」と彼はビールの病気についての論文に書いている。「私が研究する機会を持ったほかの微小な有機体にそうしなかったのと同じである」[38]。
　ただしパスツールは、ビールの腐敗の原因だと思われる微生物を特定することには力を注ぎ、これを達成すると、次には、ビール醸造用酵母の純粋な菌株と思われるものを培養しようとした。顕微鏡を手に、製品の品質に不満だったロンドンのビール醸造業者をいくつか訪問してまわり、「変質したビールに特有の糸状体の存在」を彼らに見せ、原因は酵母の培養にあると告げた[39]。上質のポータービールを造るには、酵母を純粋な状態にしておく必要があった。「この方法であれば」、以下の条件のときには「ビールは不快な風味を持たない」と彼は書いている。

いわゆるアルコール酵母に異種の発酵素が混在していないこと。また、アルコール酵母が麦汁の容器内で有効であること。そして、麦汁を好んで食べ生育の場とする微小な寄生生物の侵入がないかぎり、本来的に変質しやすい麦汁が純粋な状態を保てること[40]。

　だが結局、パスツールのビール酵母培養法は、完全に純粋な培養には適していなかった。彼は滅菌した器具を用いて少量の酵母を培地に移した。培養チューブが混濁して増殖が認められると、その新しい酵母を別の滅菌した培地に入れた。[41] これで十分な時間がたてば微生物の一種の純粋な培養ができる、とパスツールは考えた。顕微鏡で見たものも、この確信を裏書きするように思われた。だが純粋な培養は、よほどの運がなければ起こらなかった。今では「集積培養」と呼ばれるこの培養は、ビールにこくや香りや風味を与えることがわかっているが、偶然性に左右されがちなのでビール帝国を建設するには不向きだ。[42]

世界制覇をするためのビール酵母の単離《たんり》［ある微生物集団から特定の微生物だけを分離・培養すること］には、エミール・クリスチャン・ハンセンの研究を待たねばならなかった。彼はパスツールの細菌汚染の研究を一歩前進させ、ふたつの重要な発見をした。ひとつは、ビール醸造では2種類の酵母が協力していること。ふたつめは、野生の酵母が侵入すると発酵が損なわれる可能性があることだ。また彼は、酵母の菌株は、たとえ外見がそっくりでも生理学的に区別することは可能だと考えた。ハンセン同様、パスツールもこのことに気づいてはいた。だがパスツールはそれが意味することについて考えることまではしなかった。ハンセンは、大きさと形状と色がまったく同じ2種類の微生物でも化学反応が異なることはありうると考え、これを念頭に、酵母のさまざまな菌株を分類し、同定する方法を考案しようとした。

この仕事はまさに挑戦だった。交差汚染がはびこっていた。これについては、カールスバーグ醸造所の従業員の日々の行動を見て納得がいった。「使用済みの酵母を屋外でこぼしたり、その酵母が作業用の長靴に付着して発酵室に運びこまれたりしている」ことに彼は気づいた。「屋外でこぼした酵母が乾燥して埃になり、風に乗ってクールシップ（麦汁冷却槽）に混入することもある」[43]。それがトラブルの原因となる。酵母の生育は最初はゆっくりだが、麦汁に投入する酵母――つまり酵母培養液を加えた麦汁――にあまりに多くの野生酵母が混じると、その仕込みで出来上がるビール全部が汚染されてしまうからだ。「その瞬間から猛スピードで増殖し、たちまち醸造所のビールすべてを汚染する」[44]。

醸造所の研究室でのハンセンは、純粋培養の方法についてそれこそ猛スピードで取り組んだ。無菌状態のなか、ハンセンは顕微鏡をのぞきこんだ。スライドグラスには瓶に入れた酵母の懸濁液《けんだくえき》から1滴だけ垂らしてあり、血球計算盤のような目盛りを付けたカバーグラスが載っている。その1滴に含まれている酵母の細胞をカバーグラスにつけた目盛りを利用して数えた。観察するには多すぎる量だったら懸濁液の瓶に水を加えて稀釈し、もう一度スライドグラスに1滴垂らす。この作業を繰り返し、酵母の細胞を観察しやすい程度に十分に稀釈したら、今度は懸濁液から1ミリリットルを取り出し、無菌の麦汁（発酵する前のビール）のフラスコに入れた。このフラスコをしばらく静置して、いくつかの細胞――たぶん3個以下だろう――が分離してフラスコの底に沈むのを待った。数日後、それぞれの細胞が増殖したのが明らかになった。細胞1個だけが増殖したとしても、純粋培養酵母の単離ができたことになる[45]。

ハンセンは液体の培地を使っていたが、これは制御しにくかった。ところが運よく、すでにドイツの有名な細菌学者ロベルト・コッホがもっと簡単な方法を発見していた。彼は、普通ブイヨン（ニュートリエントブイヨン）培地で増殖しやすい細菌の研究をしたいと考えていたが、問題は、

研究所で研究中のロベルト・コッホ。1885年頃。この立派なドイツ人科学者が簡単な培養方法を発見したおかげで、細菌学は飛躍的に進歩した。

その培地が扱いづらいことだった。しかしコッホは解決策を思いついた。ニュートリエント培地を液体から固体へ変える方法を開発したのだ。まさに画期的だったその方法は、あらゆる微生物に使え、容易に純粋培養ができるので、まず誰でも増殖ができる。[46]しかも、さまざまな標本に含まれる微生物の数と種類を調べることなど、ほかの用途に利用することもできた。空気にも水にも土壌にも、そして何より重要なことに、食品にも応用できた。[47]

その方法のカギは銀塩だった。ハンセンを始めとするほかの人々が使っていたニュートリエント培地の代わりに、コッホは銀塩を使ったのだ。そして汚染を防ぐために、無菌プレートをベルジャーで覆っておいた。また、接種は針や白金線を使って行い、接種材料を培地の表面全体に広げた。そうして細菌を培養してから、その細菌のコロニー（集落）それぞれから細菌を取り出し、試験管のゼラチン培地に移して、綿花で栓をした。コッホの手法はあまりに斬新だったので、パスツールでさえ、祖国フランスがドイツに負けたことをいまだに腹立たしく思っていた愛国者ではあったものの、称賛の言葉をコッホに贈った。「これは大きな進歩だ、ムッシュ[48]」。

コッホは開発した手法を１８８１年に発表し、それは「細菌学のバイブル」となった。[49]コッホは「パスツール学派」の不正確な手法を批判し、こう述べている。その手法では、「狂犬病、羊痘《ひつじとう》、結核などの有機体を純粋培養できるかどうか疑わしい[50]」。「純粋培養こそが感染症の研究すべての基盤である」とコッホは断言し、多くの人々がこれに注目した。[51]１８８２年、ハンセンは自分の方法を改善するためにベルリンにあるコッホの研究所を訪ねた。そして、この訪問で得た知識を使って培養を行った。ゼラチン培地に十分に間隔を取って細胞を植えつけ、それにガラスの覆いをかぶせておいた。そして、ひとつの細胞から増殖したコロニーだけを使って、無菌の培地に接種した。[52]

カールスバーグ醸造所を悩ませていた臭くて苦いビールも、今や終わりが近づいていた。ハンセンは醸造所の酵母の純粋な菌株数種をすでに培養していたので、すぐに原因を特定できた。そして、この酵母をサッカロミケス・パストリアヌス（*Saccharomyces pastorianus*）と命名した。[53] カールスバーグ醸造所の酵母は40年ほど前にミュンヘンのシュパーテン醸造所から来たもので、それを汚染していたのは、近くにある果樹園で採取したサンプルと一致する異種の酵母だった。[54]

風味のないビールになりかねない酵母が数種類存在することは以前の研究でわかっていたので、ハンセンは純粋培養の形態学的・生理学的研究を開始した。特定の温度での胞子形成に必要な時間をかけて調べたところ、望ましくない種類のものが存在することがわかった。ほかにも典型的な特徴がいくつか見られた。細胞膜形成の状態、さまざまな炭水化物に対する行動、そして発酵の結果の違いなどだ。[55] これらの特徴をもとに、ハンセンはカールスバーグ醸造所の酵母からサッカロミケス属の菌株4種類を分離した。そのうち1種類の株だけが一貫しておいしいビールを造ったので、この菌株は「カールスバーグ下面酵母1番」と呼ばれるようになった。こうしてついに、純粋培養ができるようになったおかげで、醸造所は酵母を統一して品質を安定させ、異臭をもたらす菌株を避けることができるようになった。

そして、ハンセンの研究に投資したJ・C・ヤコブセンは、大きな成果を手にした。1883年11月12日、カールスバーグ醸造所で新しい純粋な菌株を使って初めて仕込んだビールが出来上がった。[56] 1884年には、全生産量2万キロリットルにハンセンが培養した純粋株の酵母が使われ

デンマークのコペンハーゲンでカールスバーグのビールの樽を顧客に届けていた荷馬車。雇い入れた微生物学者エミール・ハンセンの画期的研究のおかげで、カールスバーグ醸造所は高品質のビールを安定的に増産し、国内外の市場に届けることができるようになった。

た。その品質のすばらしさに、カールスバーグのビールは国内でも国外でも需要を満たすことができた。また、自信満々だったヤコブセンは、自社のビールの品質の決め手となっている酵母のサンプルを希望者には無償で提供することにした。これはビジネス的にはまずい判断だったのかもしれない。これで多くのビール会社がかつてないほど成長したからだ。1888年には、デンマークとノルウェーの主要な醸造所すべてが「カールスバーグ下面酵母1番」を使うようになっていた。そればかりか、スウェーデン、フィンランド、オーストリア＝ハンガリー、スイス、イタリア、フランス、ベルギー、北米に加え、アジア、オーストリア、南米の醸造所も使いはじめた。[57]

同じく、ハンセンのキャリアも絶頂期を迎えた。アルコール中毒の父親と働き過ぎの母親の面倒を見ながら人生を歩き始めた、夢見がちで落ち着きのなかったハンセンも、今や多くの科学者たちが

「ハンセン法」を学ぼうと敬意を払う人物になった。ウプサラ大学、ジュネーヴ大学、ウィーン工科大学からは名誉博士号を与えられた。[58] デンマークの国王クリスチャン9世からダンネブロ勲章の3等級ナイト勲章を授与され、その息子で王位を継承した国王フレゼリク8世からもダンネブロ勲章の2等級コマンダー勲章が授けられた。また、カールスバーグの創業者の息子で後継者のカール・ヤコブセンからは金メダルを受け取った。ハンセンが病を得てまもなく死去すると、追悼記事が『ネイチャー』誌に1ページ全面を割いて掲載された。

ビール業界にとっては、科学技術が最も貴重な資産となった。先進技術のおかげで上面発酵酵母（エール酵母）（学名 *Saccharomyces cerevisiae*）を純粋培養できるようになり、それまでになく高品質のビールを出荷できるようになったのだ。しかし先進技術を導入するには莫大な資金が必要だった。1870年代から広く利用されるようになった冷却用の機械や蒸気式の機械を導入する余裕がない醸造所はつぶれていき、多くの個性的なビールが消えた。たとえば、それまでのオランダでは数百種のビールを楽しめたが、一気に数十種にまで減ってしまった。代わりに、ロンドンのバークレー・パーキンズやウィットブレッド、ダブリンのギネスといったビール業界の巨人が登場し、アメリカでも、セントルイスを拠点とするアンハイザー・ブッシュが市場を支配した。[59] こくのある黒ビールは人気を失い、泡立ちのよい澄んだラガービール（下面発酵のビール）が主流となった（ラガーはおいしいビールだがなぜかあまり面白みが感じられなかった。なお、扱いが難しい上面発酵の酵母に忠実であり続けたのはベルギー人だけだった）。急激な発酵を抑制するために低温殺菌を醸造に

20世紀半ばのラインゴールド・ビールのポスター。ラインゴールドはニューヨークを拠点とする醸造所で、1976年まで稼働していた。多くの醸造所がそれまでの画期的研究を活用し、信頼できる方法で量販市場向けのラガーを生産していたが、同社もそのひとつ。

採り入れたり、コメやトウモロコシといった安価な穀物を補助的に使用するようになったが、これらはビールの魅力を減じることになった。標準化がモットーとなり、生産量は増加したが、選ぶ楽しみはむしろ減った。何を手にしても同じで予想がつくという状況が、ビールを飲むときにも広がっていった。

加えて、ひとりで寂しく飲むことが多くなった。19世紀末に瓶入りのビールが発売され、ビール好きは家でも飲めるようになった。仕事の後で居酒屋に寄り、1杯のビールを手に皆で数時間にぎやかに楽しむ口実がなくなってしまった。20世紀半ばになると、テレビの画面だけがビールを飲むときの仲間だという人が多くなった。

次章で見ていくように、ほかの業界でも科学技術は最も貴重な資産となった。ビールと同様にパンも、パン作りに不可欠な微生物についての理解が深まると、手作りするものから購入するものへと変わっていった。

# 第3章「オーブン崇拝」古今東西のパンとその製法

「ふっくらパンだよ」海象が言う
「まずはなによりこいつがなくちゃ」
——ルイス・キャロル著『海象君と大工さん』[1]〔『鏡の国のアリス』柳瀬尚紀訳／ちくま文庫より訳文引用〕。

エミール・ハンセンが開発した方法によって、1880年から1900年の間に130種の酵母が確認された。[2] この新しい知識は、ワイン、ビール、パンなどの食品の製造に大きな変革をもたらした。だがその一方で、パンに酵母が存在することは危険であり、命にかかわることさえあると考える人々がいて、この大変革に抵抗したのである。そういう人々は、この生きているパン種（酵母）には注意するよう呼びかけることまではしなかったが、酵母の代わりに生物ではないものを使うようにしていた。

エベン・ホースフォードもそうした酵母恐怖症のひとりだった。1847年、ホースフォードはアメリカ初の分析化学の研究室をハーバード大学に設置した。そして、科学の実用化に没頭し、地元のガラス工場やせっけん工場、精油所などの工場へ学生を見学に連れていったりしていた。[3] だが彼は、自分を大学の部外者のように感じていた。自分はハーバード大学の卒業生ではないし、理事や教職員の娘と結婚しているわけでもなかったからだ。自分の立場を窮屈に感じるときさえあったホースフォードに転職のチャンスが訪れると、その話に引かれたのは無理からぬことだった。

1854年、ホースフォードはジョージ・F・ウィルソンとJ・B・ダガンというふたりの人物とともに実業界に進出した。ふたりともロードアイランド州プロヴィデンスの出身だった。3人はベーキングパウダーを製造することにし、1855年、ロードアイランド州のプレザント・ヴァレーに、ウィルソン、ダガン&カンパニー社――ホースフォードが「カンパニー」だ――の工場を建設し、生産を始めた。

ホースフォードの科学に対する姿勢がビジネス志向だったのは、恩師譲りだった。恩師とは、パスツールとかたくなに論争を繰り広げたあの頑固者のユストゥス・フォン・リービッヒである。ホースフォードは1844年から1846年までリービッヒに学んだ。当時リービッヒの門下に入ったアメリカ人としては、ホースフォードがまだふたりめだった。その経験は彼に強い影響を与えた。恩師は彼にこう教えた。化学は人間の状態をより良くするために利用するのが最善の利用法であり、そうするためには大学の研究室ではなく工場の現場が最も適しているのだ――と。

しかもホースフォードにはビジネスの才能があった。プレザント・ヴァレーの工場が操業を開始した1856年、彼はリン酸二水素カルシウムの製造特許を取得した。これはベーキングパウダーに添加する酒石酸《しゅせきさん》水素カリウムの代わりに使う化合物で、彼はこれと重炭酸ソーダ（重曹）を混ぜ

ハーバード大学の化学教授だったエベン・ホースフォード。酵母は有害なので、パンなどの食品に使用するのは避けるべきだと信じていた。そのため、大学を離れてビジネスパートナーふたりと起業し、化学的な代替品であるベーキングパウダーを開発した。それが後のラムフォード・ケミカル・ワークス社だ。

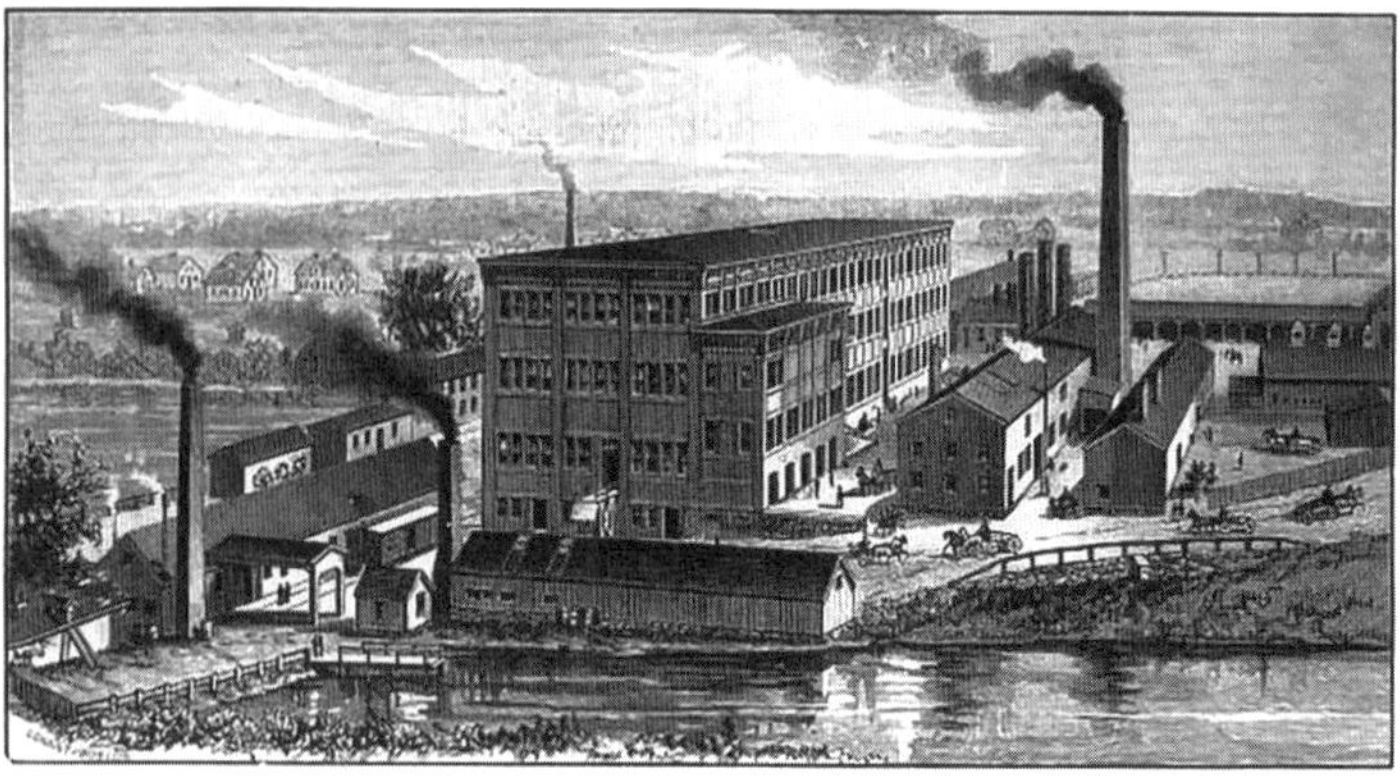

ラムフォード・ケミカル・ワークス。創業時はウィルソン、ダガン＆カンパニーという社名だった。酵母の代替品となるベーキングパウダーの需要を喚起するために、酵母はパンを汚染する有害物質だという当時流布していた考えを利用した。以来、同社はずっと好調で、そのことは現在もスーパーマーケットの棚を見ればすぐわかる。

合わせると「イースト・パウダー」と命名した。ただしその性質は、名前の由来である「イースト（酵母）」との共通点はまったくなかった。

ホースフォードが誤解を招くような名前を付けたのには理由があった。リービッヒと同様に彼も、酵母は――実際、すべて微小な菌類だ――危険だと考えていた。1861年の著書『パン作りの理論と技術 *The Theory and Art of Bread-making*』で、彼は化学的膨張剤のほうが天然のパン種よりも優れていると述べている。「さまざまな形態の酵母という微小な有機体が存在することは立証されている」が、「それらは腐敗に付随しがちなものである」。しかも、「焼くときの熱による破壊から逃れた発酵とその酵母が人の全身を循環して悪影響をもたらす可能性があることは想像に難くない」[4]。彼によれば、見たところ無害なパンでもこうした有害な腐敗物質が無数に棲み付いている可能性はある。そうした物質は、まったく使用しない場合を除けば、完全になくすことはできないという。酵母は最大の脅威なのだ。

公衆衛生運動の影響で生物のパン種に対する不安が当時大きくなっていたことから、ホースフォードの化学的膨張剤には顧客が確実にいると思われた。ウィルソン、ダガン&カンパニー社はその利益にあずかり、大きな利益も得た。1858年には社名を社名をラムフォード・ケミカル・ワークスへ変更し、ラムフォード・ベーキングパウダーという名前でベーキングパウダーを普及させた。この製品は今もスーパーマーケットの棚を飾っている。

ラムフォードの競合他社も、人々の不安を利用して売りこむというアイデアに飛びついた。アメリカの同業大手だったロイヤル・ベーキングパウダー社も、世間にこう信じこませようとした――化学的膨張剤で膨らませたパンなら、病気にならないうえ、天然の酵母よりも簡単に焼けるので、時間の節約になる。ロイヤル社はこのメッセージをさまざまな手段で伝えた。ジョークの本、塗り絵の本、歌の本、ペーパーウェイト、磁器の皿……。特に効果的だったのは自社で発行した料理の本だったようだ。たとえば『ロイヤル・ベーカー・アンド・ペストリー・クック *Royal Baker and Pastry Cook*』には酵母についての同社の見解がこう書かれている。


そもそもパンはパン種なしで作られ、どっしりと重いものだった。酵母が発見され、酵母で膨らませたパンが文明世界の各地で食べられるようになったのは後になってからのことだ。そしてついにベーキングパウダーが考案された。これこそ、パンを膨らませたりふんわり軽くするための何よりも健康的で経済的で便利なパン種である。

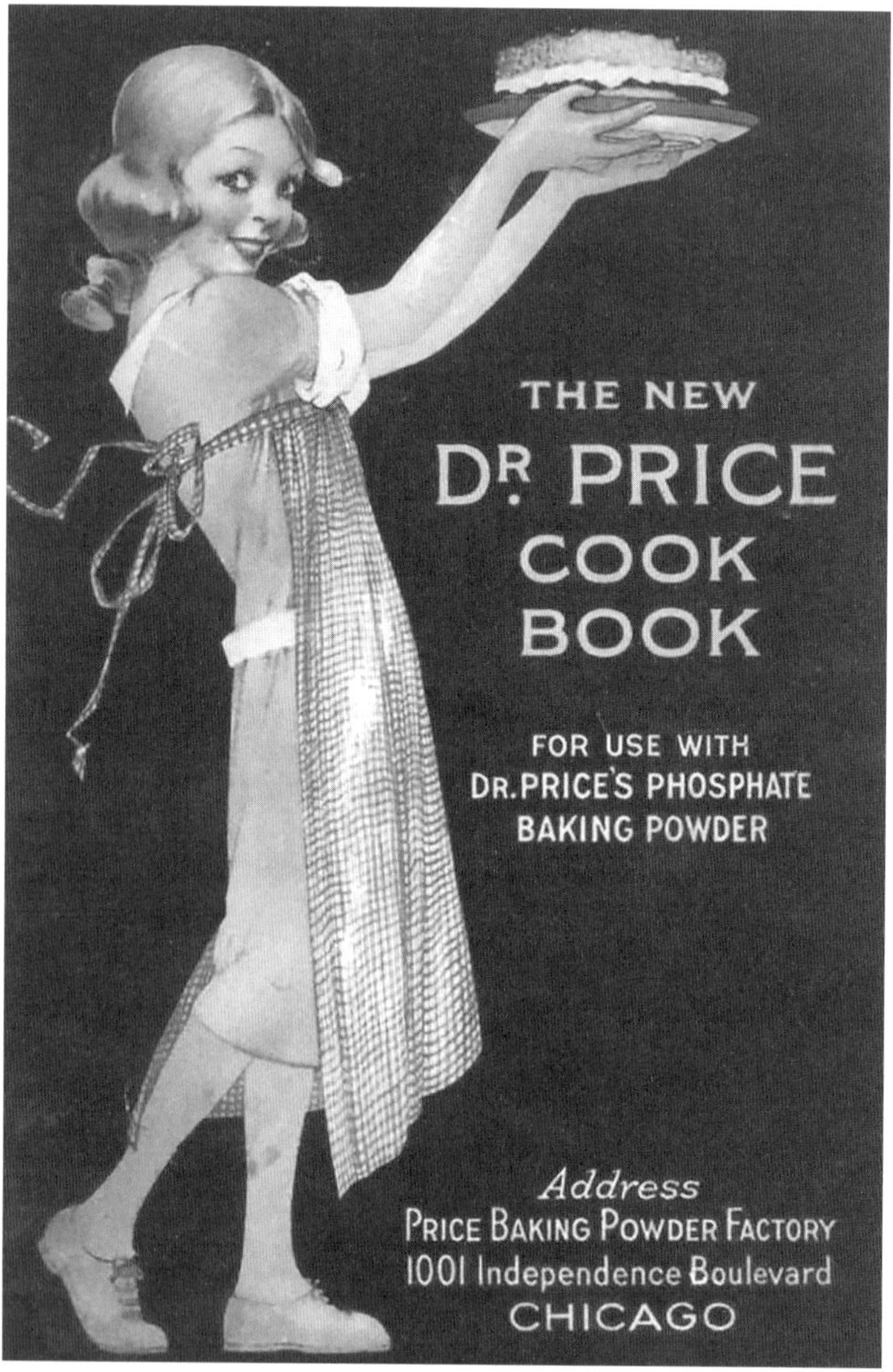


プライス・ベーキングパウダー・ファクトリーが発行した料理本の表紙。この種の本の出版は、自社の製品を大衆に意識させ、天然の酵母の代わりに自社製品を使ってもらうようにするためのもので、酵母を決まって悪者扱いしていた。

酵母は原始的で、「生きている植物である」と右記の本は言う。「パンの生地と混ぜると酵母が発酵を引き起こし」、膨張の過程で「小麦粉の一部が破壊される」が、ベーキングパウダーなら「まったく同じ働き」をしながらも破壊をすることはない。しかも、「手で混ぜたり練ったりする必要はなく、一晩寝かせて膨らませる必要もない。混ぜ合わせたらすぐにオーブンに入れることができる」[5]。家庭でパンを焼くならベーキングパウダーを使うほうが栄養的にも利便性でも勝っている、と思わずにはいられない文章だ。

酵母に対する攻撃は、家庭でのパン焼きの弱点を突いたものであり、天然のパン種を使ってパンを焼くのをやめる口実に十分になった。たいていの生物と同じく、酵母も増殖するにはそれなりの条件が必要であり、しかも発酵には時間がかかる。そして、酵母から発生する二酸化炭素を含むことができるほどに伸びる生地でなければならない――つまり、グルテンができるほどよく練る必要があるということだ。一方、ベーキングパウダーを使えばそんな厄介事とは無縁だ。生物ではなく化学的な膨張剤なので、その作用は予測可能かつ安定している。重炭酸ナトリウムと酸性塩が酸塩基反応を起こし、それによって二酸化炭素ガスが発生し、パン生地が膨らむ。つまり、さっと軽く混ぜただけの生地でも膨らむし、あまり労力をかけなくても、うれしくなるほどふんわり仕上がるのである。衛生と利便性に対する意識とともに発展したベーキングパウダーは、こうして数千年間続いてきたパン作りの方法を覆したのだった。

便利で予測可能なベーキングパウダーが登場したこのとき、酵母は「パン作りにはもういらない

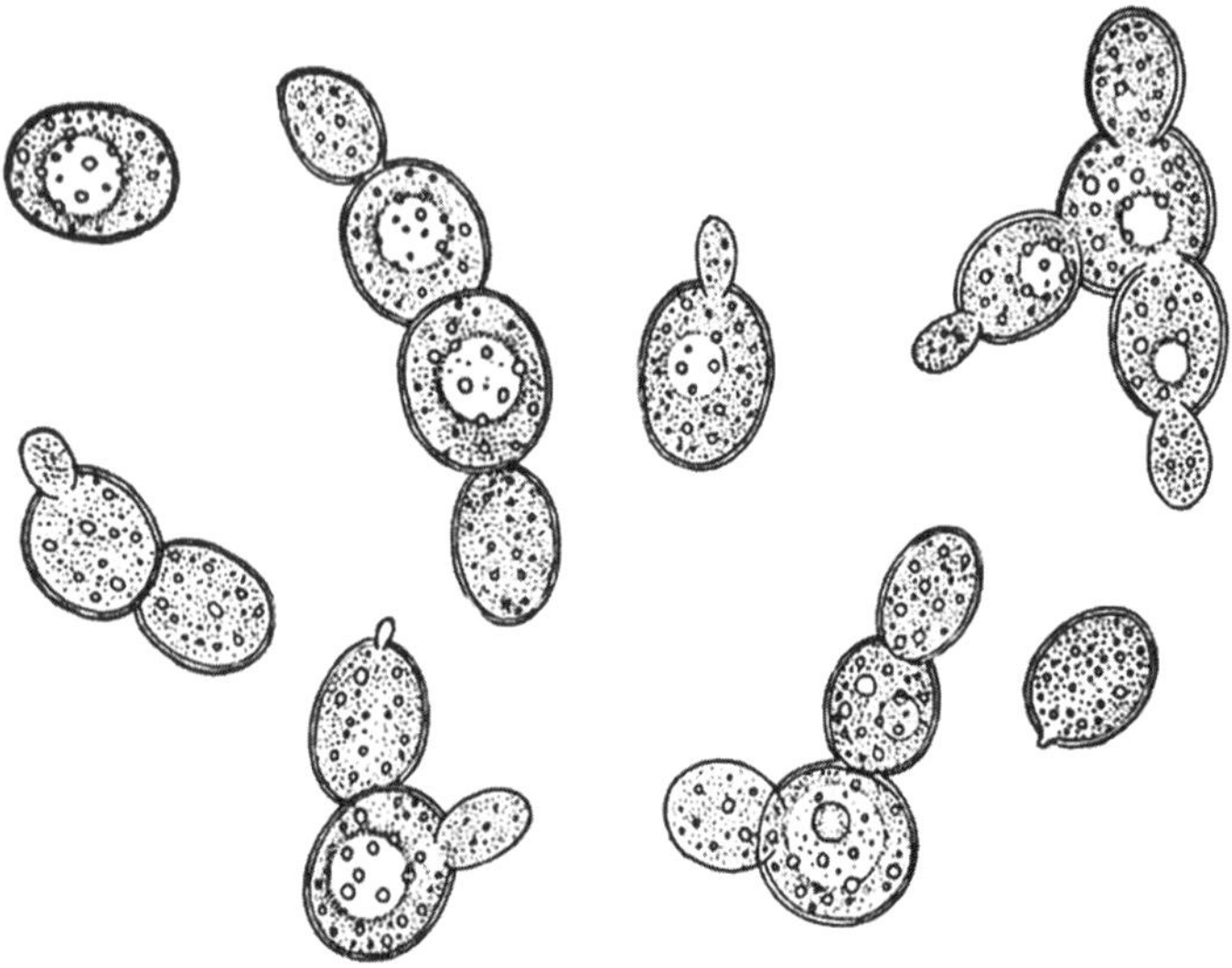

酵母細胞の増殖。いくつかの細胞に見られる小さな隆起が「娘細胞」で、「泡状突起」とも「芽」とも言う。これらが成長して酵母細胞になり、また子を生む。

もの」になりかねないところだった。それでも、過去何百年間にもわたり、膨らんだパンを作ろうとするなら酵母は絶対に必要なものだった。確かに、生物を原材料とするなら必ずそうであるように、酵母は厄介なものだ。ならば、この原材料の性質と行動について考え、パンを焼くときに酵母を最終的にどう使いこなすかというようなことをここで語るべきかもしれない。

ひと言で言うと酵母は卵形をした真菌細胞であり、出芽によって増殖する。[6] 単細胞の菌でみずから運動することはできず、鞭毛《べんもう》はない。直径はわずか0・004ミリと小さい（それでも細菌より4倍大きいが、赤血球の直径と比べると半分しかない）。

ただし人間との共通点もある。人間同様に酵母も真核生物で、その細胞の細胞核にはDNAが含まれる。しかし、類似点はそこまでだ。酵母が糖分を食べると、1時間か2時間膨らんでから、その表面から芽を押し出す。母《ぼ》細胞が娘《じょう》細胞を生み、両者に出生の痕跡ができる。もっとも、擬人化した表現だからこのような言い方になるが、酵母に雌雄の区別はない。生殖する場合、雌雄の区別がなく外見上は同一の2種の酵母が出芽し、その芽から独特の誘引化学物質を出す。つまり酵母細胞は匂いによって正しい生殖相手を見つけるのである。[7]

パンを膨らませたりビールのアルコール分を作ったりする酵母は、ゴミを分解したり栄養素をリサイクルしたりといった地味な酵母よりも注目されがちだ。細菌と同じく、酵母も有機物を分解して無機物にする「分解者」で、いたるところに存在する。世界中の川と湖には途方もない数の酵母細胞がいる。海ではさらに多い。それどころか、酵母はほとんどの場所にすんでいる——魚の内臓にも、深海の泥にも、沈没した船にも、チェルノブイリの破壊された原子炉の壁にさえいる。植物の葉も酵母だらけだ。ある種の酵母はチンチラの胃のなかだけで育つ。そのほか、それほど特殊な種類ではないが、チーズ、ソーセージ、死骸、土壌で育つ酵母もある。[8] 溶けかけの氷河の冷たい水や空気中にも酵母はいる。酵母は霧の深い天気を好む。湿気があると移動がかなり容易になるからだ。酵母は、菌類の胞子と同様に雨粒の発生を促すと主張する研究者もいる。[9]

酵母は人体——頭皮だったり足だったり、鼻孔や外耳道だったり——も住みかにしている。この関係は人間が生まれるその瞬間から始まる。人間は、時に有害なカンジダ（学名 *Candida*）という酵母の数種類の株がコロニーを形成している場所、つまり産道を通過して生まれてくるのである。新生児の口内で酵母が白く異常増殖する場合があるのはこのためだ。新生児のマイクロバイオーム（微生物叢）がうまく対応すればこの酵母の花はしぼむが、消えてしまうことはない。ふだんはカ

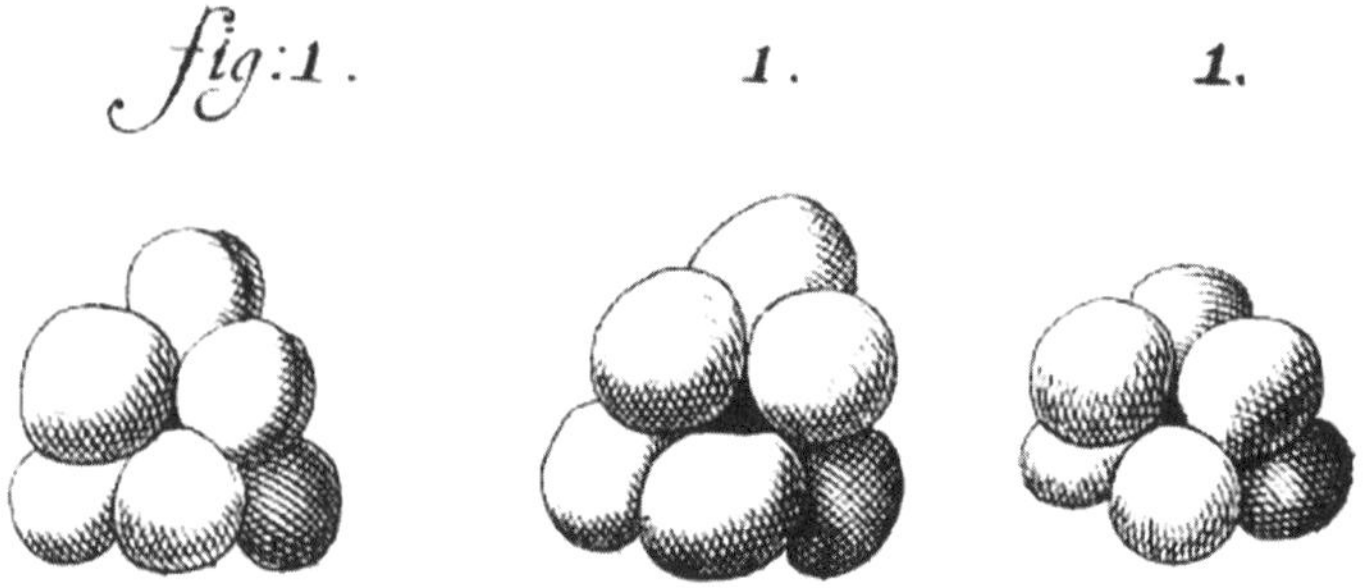


17世紀のオランダ人アントーニ・ファン・レーウェンフックがスケッチした酵母の増殖。レーウェンフックは自作の顕微鏡を使って、それまでは見えなかった微小な有機体の世界を明らかにしてみせ、科学的知識の革命の火つけ役となった。

ンジダは人間の腸内に住む善玉菌が抑制しているが、そのバランスが崩れると危険なことにもなりかねない。このような、人間の抵抗力が弱ったときだけ病気を引き起こす酵母が、腹膜炎や腹腔内膿瘍、心内膜炎、髄膜炎から、肝臓や血液の感染症や関節炎にいたるまで、あらゆる病気を引き起こす。[10]

酵母は条件さえ整えば、まずどんなところでも繁殖する――それがたとえ人間の体内であっても。2010年、テキサス州で61歳の男性が救急搬送された。男性は酔っているように見えた。実際、血中アルコール濃度は0・37パーセントと驚くほど高かった。しかし本人は酒を一滴も飲んでいないと言う。彼はふだんから、はっきりした理由がないのに酔っているように見えることがよくあった。食事を抜いたり、運動をした後はそうなることが特に多かった。彼の妻は看護師だったので、定期的に彼の血中アルコール濃度を調べていたが、0・33から0・40パーセントという高さになることさえあった。アメリカの法律で飲酒運転と判断される血中アルコール濃度の基準値は0・08パーセントであり、それをはるかに上まわっている。この不運な男性が倒れた原因はいわゆる出芽酵母（学名 *Saccharomyces cerevisiae*）――ビール造りやパン作りに利用する酵母だった。彼は何年も続けて抗生物質を服用していたことがあり、通常ならこの酵母を抑制するはずの体内の微生物が激減していたのである。この出芽酵母が摂取した食物の糖分を発酵させ、アルコールと二酸化炭素をつくり出していたというわけだ。つまり、彼の消化管は醸造所と化していたのである。最終的には、この男性は低炭水化物ダイエットと抗真菌薬による治療で完治した。[11]

酵母に旺盛な繁殖力があることは昔から知られていた。どこかの目端が利く人が、オーブンに入れる前のパン生地を少しだけちぎって、その切れ端を新しい生地と一緒にねれば、またふっくらとしたパンが焼けることに気づいたのだろう。さらに、たとえばパン生地やブドウ液やビールの麦汁にその切れ端を入れると、その切れ端は、定期的に新しい居場所を与えられさえすれば、何世代にもわたって魔法を使い続けるということにも気づいた。こうしてパン作りは、眠ることや食べることと同じように日常生活の一部になった。

世界で初めて発酵を管理したのは古代エジプト人だった。人口が増加するなか、住民に食べ物を供給するという大きな目的のためだ。古代エジプト人は小麦を改良して簡単にもみ殻をむける品種をつくり出した(それまでの野生種の小麦はもみ殻をとるためには炒る必要があったが、そうするとグルテンを形成するタンパク質が変性してしまう)。その小麦粉ならばパン種を加えてこねるときにパン生地がまとまりやすかった。[12] ただし、この段階にいたるまではかなり苦労した。パン作りは重労働だった。穀物をひいて粉にするのは、女性や奴隷や捕虜の仕事だったが、それが長く単調で骨の折れる仕事だったことは多くの遺物から見て取れる。発掘された当時の人骨を見ると、しゃ

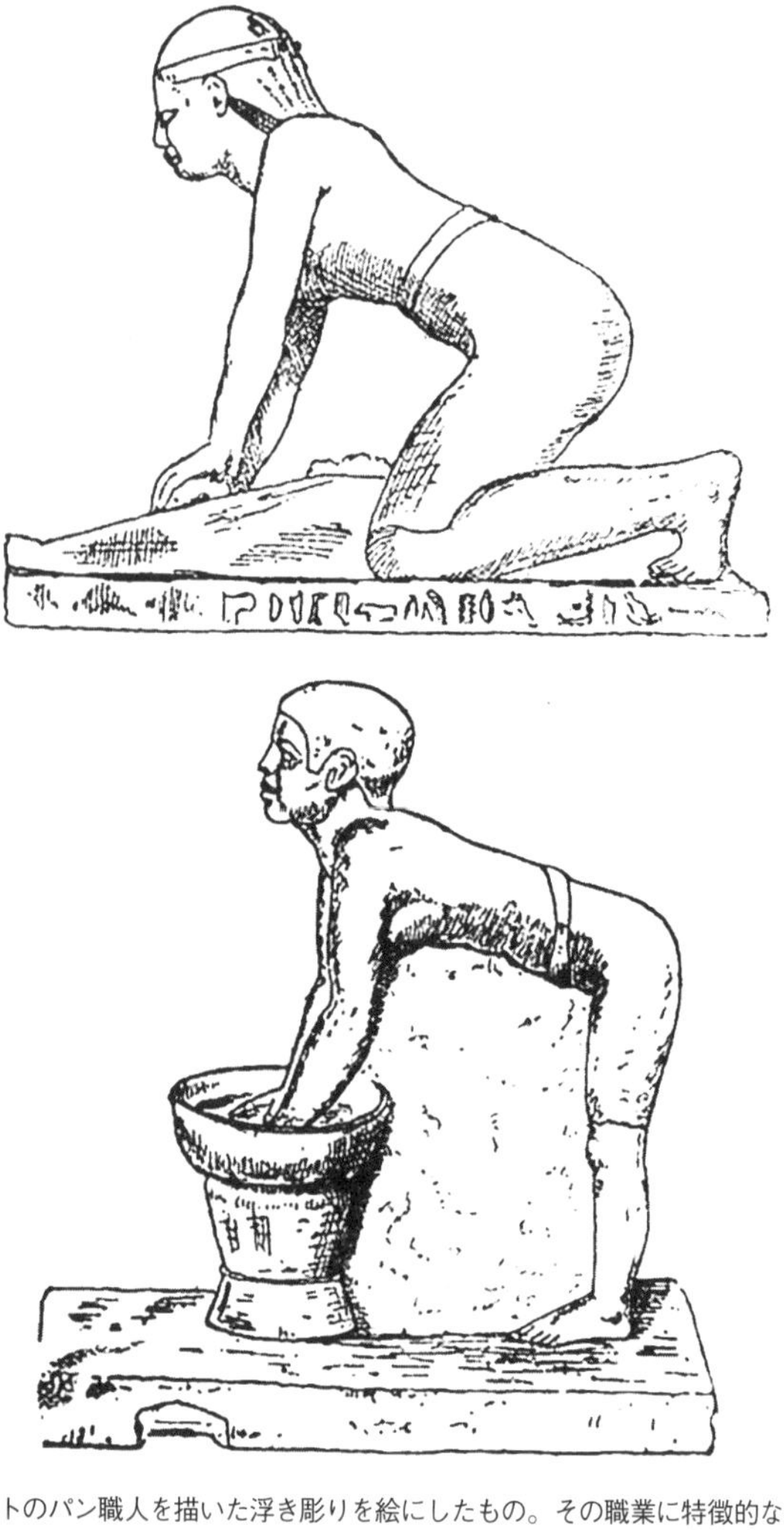

古代エジプトのパン職人を描いた浮き彫りを絵にしたもの。その職業に特徴的な姿勢を取っている。足の骨が変形してしまうほどの重労働だったが、彼らは実に多種多様なパンを売っていた。

がんだ姿勢でその仕事を何時間も続けたせいで、足の骨が変形して蹲踞面《そんきょめん》というくぼみ（圧痕《あっこん》）ができているのがわかる。回転式石臼──2個の石でできた単純な臼──が発明されて使われるようになってからは少しだけ仕事が楽になったはずだが、それでもきつい仕事であることには変わりない。生地を練るのもかなりの肉体労働だった。紀元前1156年に亡くなったラムセス3世の墓の浮き彫りには、ふたりの男性が長い棒を支えにしてまっすぐ立った姿勢を保ちながら、生地を足で踏んでこねているようすが描かれている。[13]

古代エジプトでは驚くほど多様なパンが食べられていた。新王国時代（紀元前1539～紀元前1075年頃）のエジプト人は、40種類以上のパンから選ぶことができた。富裕層はホワイトブレッドを食べており、ゴマやバターやフルーツで風味をつけていた。貧しい人々が食べていたのはブラウンブレッドで、たいてい大麦で作られ、そのまま食べた。小麦や大麦のほかにも、エンマー小麦やスペルト小麦、アズキモロコシというアワの一種もパンに使われていた。[14] 紙のように薄いパンもあれば、厚くてどっしりしたパンもあった。

パン作りが絶えず改良されていたことは、古代エジプト社会にとってパンが絶対的に重要だったことを示す。パンは食料というだけではなく、王権の誇示でもあった。王（あるいは女王）は、パンを作る手段を持たない人々にパンを分配した。奴隷も農民も司祭も戦士も同じようにパンを食べた。クフ王（紀元前2575～2465頃）のピラミッドを建設した作業員には報酬としてパンが与えられた。巨大な石灰岩を切り出した石を引きずって運ぶという重労働を12時間から18時間も行った報酬として受け取るのは、3個のパン、2杯のビール、そしてタマネギとラディッシュだった。

勇気を示した者は追加のパンを受け取ることができた。伝説の英雄ジェディは毎日500個のパンと100瓶のビールを与えられていた。また、当時の道徳規範では、たとえ物乞いであっても、やって来た者に何も与えず追い返してはならないとされていた。「パンを食べているときに誰かが近くに立っているなら、その人にいくらかのパンを差し出そうともせずにパンを食べ続けてはならない」とエジプトの格言にある。

賢明なファラオは、不作の時期が来るのを見越してパンを蓄えていた――臣民が餓死しないようにするためでもあり、ファラオの権力が損なわれないようにするためでもあった。創世期の47章13節から26節には、飢饉に襲われた後、エジプトの穀物備蓄の話が近隣住民に伝わり、住民がファラオに穀物を分け与えてほしいと頼んだという逸話が出てくる。[15]

古代エジプト人がパンの重要性を理解していたとすれば、古代ローマ人はパン職人の重要性を理解していたと言える。大プリニウスの記録によれば、古代ローマでは紀元前2世紀にパン職人という職業が登場したという。ギリシャ人、奴隷、奴隷から解放された自由民、古代ローマ社会の周縁部にいた者たちが職人の組合を作り、一緒に夕食を食べて親交を深めたり、さらに重要なこととして、破産しないように助け合ったりした。そして実際、繁盛する組合員は多かった。

自由民の墓碑としては最大で保存状態も非常に良いもののひとつに、パン職人のマルクス・ウェルギリウス・エウリサケス（紀元前50～20）の墓がある。この墓にはパン作りの現場をくわしく描いた浅浮き彫りがたくさんある。そのひとつでは、1匹のロバが陶製の器に垂直に立てた攪拌棒を

古代ローマのパン職人エウリサケスの墓を飾っている浮き彫りの細部。この職業のおかげで、古代ローマ社会の周縁部にいた者でも居心地よく体面を保てるようになったうえ、仲間意識や助け合いという恩恵を受けられた。これもパン職人の組合が成功していたからだった。

動かしているところが描かれている。また、長い木べらを持ったパン職人が卵形のオーブンからパンを出しているところを描いた浮き彫りもある。また別の浮き彫りでは、職人たちがパンを積み重ねて重さを量っている。このような墓碑が建てられたということは、古代ローマ社会でパンがいかに重要視されていたかを物語っている。[16]

パンは必需品であり、大量に消費されていた。パンがなくてもかまわない人などほとんどいなかった。貧しければただで手に入れる方法もあったが、裕福な人はもちろん金を払って買った（外国産の材料が加えてあればそれなりの値段になった）。戦争のときでもパンの供給は死守され、兵士は携帯用のパン作りの道具を戦地に持っていった。凶作やパン不足を招くような不幸が来ないようにと、古代ローマ人は神々に祈り、あるいは機嫌を取った。そして、オーブンの守り神であり重要な地母神のひとりである女神フォルナクスをあがめた。[17] また、穀物の女神ケレスのために祝祭を毎年執り行った。ケレスは収穫の女神でもあり、生死の循環をつかさどる女神でもあった。その壮麗で美しい祝祭には奴隷や女性や子供も参列した。誰もが参加できるのは、誰もがパンを食べるからだった。

歴史上、パンをあがめたのはローマ人だけではない。古代ギリシャ人も春のタルゲリア祭を祝った。そこでは女神アルテミスと男神アポローンが供物としてパンを受け取る。キリスト教徒にとってはパンはキリストの肉を意味し、パンを汚すことは重大な冒瀆行為とされた。ユダヤ人はオーブンを崇拝することはないものの、パンをもたらしてくれる神の恩寵は認識していた。ユダヤ人はパンを割るときには「ベラカー」(「祝福」という意味)と言う。「汝は祝福されし、おお、われらが神なる主よ、あなたは大地からパンをもたらす」。

神が大地からパンをもたらしてくれるにしても、パンを食卓にのせるにはひき臼が必要だ。穀物をひいて粉にする仕事は以前は奴隷や女性が手で行うものだったが、やがてその仕事を代わりに引き受けてくれるひき臼が出現した。大きくて力強く粉にするひき臼を人々は驚きの目で見たが、同時に恐れもした。古代ローマでは、ひき臼で粉をひく人を見た異邦人は、悪い魔法使いが石の車輪で水を拷問にかけているのではないかと思ったという。石臼が拷問具の刑車に見え、そこから流れ落ちる粉が水のように見えたのだろう。こうした見方をするようになったのは、ひき臼が時折爆発したからだった。ひき臼の石が回転すると摩擦熱が発生するが、そこに一定の濃度の粉塵雲が発生すると――空気1立方メートル中に20グラム以上の穀物粉が浮遊していると――微細な粉末に引火して爆発を引き起こすことがある。[18]

それでも、あえて引き臼を壊そうとする人はほとんどいなかった。ひき臼でひいた粉がまさしく「命の糧」であるパンとなって地域の住民を支えていたからだ。ブリューゲルの1564年の絵画『ゴルゴタの丘への行進』では、険しい岩山の上に風車のある粉ひき小屋が描かれている。高いところにある小屋から、粉ひき職人は眼下の出来事すべてを見渡しているかのようだ。

製粉所は都会の生活には欠かせないものではあったものの、都市を囲む城壁の外側にあることが

仕事に励む中世の粉ひき職人を描いた木版画。ごまかしをしているのではないかと疑われ信用されていなかったが、それでも地域住民には欠かせない仕事をしていた。

多かった。このため粉ひき職人は、不可欠な存在であるにもかかわらず社会的にはアウトサイダーに位置づけられていた。町の人々は、彼らが製粉所で何をしているのかよくわからなかった。ひいてくれと麦を預けはしたが、粉屋がそれをくすねているのではないか、粉ひき賃を不当に高くふっかけているのではないかと疑ったりもした。

14世紀のイングランドの詩人、ジェフリー・チョーサーは、『カンタベリー物語』でそうした粉屋の悪事をあばいている。この物語集でチョーサーは、登場人物である巡礼者のひとり、粉屋についてこう書いている。「この粉屋は穀物を盗んでは、つき賃を三倍もとるやりかたを、とてもよく心得ておりました。しかも、この彼が正直者のしるしという黄金の親指をしていたというんですよ」［『カンタベリー物語』桝井迪夫訳／岩波文庫より訳文引用］。むろん、粉屋の親指が「黄金」だったのは正直者だったからではない。客が持ってきた穀物の重さを量るとき、秤をそっと親指で押して目方が多めになるようごまかし、手数料を水増ししていたからだ。

ほんの少しだが、粉屋よりは大きな敬意を地域住民から払ってもらっていたのがパン職人だった。古代ローマのパン職人の組合はローマ帝国が弱体化するにつれて衰退し、やがて異邦人が侵入してきていわゆる暗黒時代が始まると、完全に消えた。パン職人の組合が復活するのは中世半ばになってからである。ヘンリー2世時代の「パイプ・ロール」（財務府記録）には、「シティ・オブ・ロンドン」のパン職人が組合を結成したという記録がある。これは1155年のことで、その組合は、ブラウンブレッドを焼くパン職人のグループとホワイトブレッドの職人のグループに分かれており、[19]どちらのグループも都市や町で重要な役割を担っていた。

13世紀ドイツのコモン・ロー（慣習法）を記した「ザクセンシュピーゲル」では、パン職人が殺人を犯した際の罰金は一般人の殺人の場合の3倍だった。[20] 町には不可欠な存在だったとはいえ、パン職人は地域住民から好かれていたわけではない。「貧乏人が泣くとパン屋が笑う」とスペインのことわざにある。粉ひき職人同様、パン職人も疑いの目で見られていた。重さの足りないパンを売って客をだましているのではないか、質の悪い小麦粉でパンを焼いているのではないか、と思われていたのである。

中世に復活したパン職人の組合に対しては、ヨーロッパ中の君主が品質管理に目を光らせるようになった。ヘンリー3世時代の1266年に制定された「パンとビールの度量衡法（アサイズ・オブ・ブレッド・アンド・エール）」は、各地の町や村で製造販売されるパンとビールの価格、重量、品質について定めた法律だった。この種の食品に関する法律がイギリスで制定されたのはこれが最初で、これによりパン職人は、自分の作るパンに独自のマークを付けなければならなくなった。これは、粗悪なパンを作った職人を追跡できるようにするためだった。もし摘発されたら、パン職人は罰としてその粗悪なパンを首にかけて街中を引きまわされた。また、違反したパン職人は罰金を払わねばならず、場合によってはパン屋としての特権を完全に失うことさえあった。

どのような罰を受けるかは地域によってさまざまだった。1280年のチューリヒでは、怒った市民があるパン職人を大きなカゴに入れて水たまりの上につるした。いわゆる「パン屋の絞首刑」という罰で、ここから逃げる方法はひとつしかない。下にある泥水のなかに飛び降りるのだ。この屈辱に対する復讐として、そのパン職人は町に放火し、町の半分を燃やしてしまった。「チューリヒの人々に告げる！」パン職人はそう叫びながら火をつけてまわったと伝えられている。「おれは服を乾かしたいんだ。まだ水たまりのせいで濡れてるんだ」[21]。

パン職人の仕事には人々の不信感だけでなく、絶え間ない苦労もつきものだった。これは古代エジプト以来、ほとんど何も変わっていなかった。パン屋に弟子入りすると、その徒弟修業は3年から4年かかる。その後、職人としてひとり立ちして5年ほど各地をまわる。これは表向きは新しい技術を学ぶためということになっていたが、実態としては親方との競合を避けるためだった。そうした時期を経て、ようやく待望の空席――ホワイトブレッドか、ブラウンブレッドか、菓子パンか、サワードウ・ブレッドのパン職人としての席――ができても、その席におさまるには、ギルド組合員のパン職人を宴会を開いてもてなし、その町にあるパンに関する決まり事を守ると誓いを立てなければならない。住民に行き渡る量のパンをいつも焼くこと、パンの品質と重量についての規制を守ることを誓うのだ。そこまでして手に入れるのが、粉塵を吸いこみながら、長いときは1日18時間働き続ける人生だ（パン職人という職業だけが徹夜で働くことを許されていた）。長期間にわたって粉塵を吸いこむと喘息や気管支カタルになるおそれがあったうえ、ひざが固くなったり縮まったり（いわゆる「パン屋ひざ」）、上腕二頭筋と胸部の皮脂腺に湿疹ができたりすることもあった[22]。

だが、数世紀という長い時間はかかったが、パン職人に対する認識はだんだんと変わった。穀物が昔よりは多く、また安定して収穫できるようになり、粉の量をごまかしたいという誘惑もいくらか薄れていった。そしてパン職人という職業は、疑いの目を向ける対象ではなく、感傷的な気分をそそる存在になった。「寒い日にはパン屋ほどありがたい場所はなかった」と20世紀のイギリスの作家H・S・ジョイスはドーセットの村にあった父親のパン屋について書いている。「すごく寒い日には、父の知り合いだという人の多くがわざわざ店に来て暖を取り、ひとしきり雑談をしていったものだ」[23]。だが、変わらないこともひとつあった――パンを焼くという長時間の、きつい仕事だ。しかもおいしいパンを作るためには、内部のようすを目で見ることができないまま刻々と変わっていく生地の状態を管理せねばならない。

ヨーロッパのパン職人は多忙ながらも多種多様なパンを生み出し、それぞれの町や村の名物となっていった。その多くは、発酵ずみのパン生地から少しだけ取り置いた生地から作ったものだった。そうしたパン――特にサワー種のパン――は、香りも味もうっとりするほどすばらしく、複雑で豊かな風味があった。ビール酵母を使ったパンもあった。一晩寝かせてゆっくり膨らませた生地は、微妙な風味を出した。生地ができると、職人たちはさまざまな形に成形する。スイスのバーゼルのパン職人はビアシルトライン（「ビールのしるし」という意味）という大きな星形のパンを作った。スペインのマドリードには、蒸気抜き用とおぼしき穴を針で開けた、小さな丸いパンがあった。

世界各地で、その地域に適した形と方法でおいしいパンが生まれていった。オーストラリアの「ダンパー」というソーダブレッド――酵母ではなく重曹で膨らませたパン――の生地は、木からはいだ樹皮の上でこねる。すばやく作れて無骨なダンパーは、その作り手によく似ていた。未開の地でキャンプを張る男たちだ。そうした男たちについて、エミール・ブラウンは1903年の著書『パン屋の本 *The Baker's Book*』でこう書いている。「大自然の物音ひとつしない静寂に包まれて、男は

ダンパーを食べながら紅茶を飲むオーストラリア人たち。ダンパーは小麦粉、水、重曹が材料で、ミルクを加える場合もある。無骨なダンパーは、人里離れた未開の地を遠くまで出かけていく男たちにぴったりの食糧だった。

ひざをついた。その静けさを破るのは、夜ならばディンゴの恐ろしい遠吠えだけ。日中ならオウムの金切り声か、カンガルーの規則的な跳躍の音だけだ。そして男は材料を混ぜ合わせはじめる」。男はユーカリの木でおこした火でパンを焼く。きれいにした「ダンパー・ベッド」に生地を置き、10分ほど焼いたら出来上がり。パンと一緒に食べるのはコーンビーフか、少し前に農場で買い求めた新鮮なマトンだ。[24]

一方、温暖で湿度の高い南インドでは、ヨーロッパ風の大きな塊でパンを焼くのは難しい。早く膨らむのだが、しぼむのも早いので大きな生地はここでは不向きなのだ。その代わりに南インドではコメを使った小さめのパンを作ることが多い。たとえば、ふわふわした「イドリー」というパンは、コメとケツルアズキという当地原産の豆を混ぜて練った生地を円形の型に流し入れ、蒸して作る。この生地は、ケツルアズキを練りこんであるので粘り気があり、そのため蒸すと弾力のある、蜂の巣のようなテクスチャーのパンになる。イドリーとは対照的に、薄くてパリパリした「ドーサ」というものもある。やはりケツルアズキとコメで作った生地を使うのだが、こちらは10時間から16時間発酵させてから、熱して油をひいた鉄板で焼く。[25]

イドリーもドーサも、熱帯という南インドの立地を最大限に利用したパンだ。これらのパンの発酵ずみの生地には、乳酸菌や3、4種類の酵母が豊富に含まれているが、それらはすべてコメとケツルアズキという2種類の材料が生地に持ちこんだものだ。アフリカの同緯度の地域にも、やはり多くのパンがある。ガーナの「ココ」と「ケンケ」は、同じような方法で作る。ソルガム（モロコシ）かアワかトウモロコシを1日か2日水に浸してからすりつぶして生地を作り、発酵させる。そこからの調理法は2種類ある。どろどろの粥にして食べることもあれば、団子状にして焼いて食べることもある。焼く場合は、生地を団子状にしてバナナの葉で包み、それをゆでておく。[26] エチオピアの「インジェラ」というパンも似たような作り方をする。このインジェラは、エチオピア原産の「テフ」という穀物でパンケーキのような液状の生地を作って焼くのだが、その生地を作るときには、前回テフで生地を作ったときの黄色い上澄み「イルショ」をふりかける。こうして菌を入れた生地を2日間か3日間発酵させてから、大きな鉄板で焼く。

インドやアフリカでは、パン生地を膨らませるためには、新しい生地に古い生地の一部を加えたり（この方法を「バックスロッピング」という）、自然発酵させたりすることがほとんどだったが、イングランドやヨーロッパでは、多数あるビール醸造所やパン屋の酵母を使って生地を膨らませることが多かった。それに対して独立前後の北米では、酵母の入手が困難だったため、一風変わった方法でパンを膨らませようとあれこれ試みた。当時の北米にはビールの醸造所もパン屋も少なく、サワー種は開拓者など不便な生活に慣れた人々にしか受け入れられていなかった。パンを膨らませる標準的な方法などはなく、料理本に書いてある方法も本によって違っていたりした。「最高のビール醸造所の酵母をワイングラス2杯分、あるいは自家製の酵母を3杯分」と当時の料理本のひとつは書いている。本に書いてあるとおりに作っても、実際に焼くと苦かったり酸っぱかったりすることはいくらでもあった。焼く以前に、発酵に失敗したらそれこそ災難だった。パンはまさしく主食だったからだ。当時、4人家族は平均して一週間に約12・7キログラムのパンを消費していた。1日ひとり500グラム弱という計算になる。[27]

パンの需要は大きいのに酵母の供給が限られていたことから、アメリカの主婦たちは、簡単に使えるベーキングパウダーが出現する以前から化学的な膨張剤をあれこれ試していた。しかし、そうした先駆者が酵母に勝ることはあまりなかった。1790年、ヴァーモント州のサミュエル・ホプキンズが「木の灰から純粋な真珠灰を作る方法の改良法」の特許を出願した。[28] 真珠灰とは炭酸カリウムのことで、灰汁《あく》から作られる初期の膨張剤だった。鋳鉄製のケトルで灰を煮沸して塩のようになったら焼き、植物性の残留物を取り除く。そうやってできた黄色がかった灰色の粒が「真珠灰」である。ホプキンズがこの特許を出願した後、さらに精製したものが市場に出まわるようになった。広大な農地を造るために原生林が大規模に伐採されていた頃だったので、原料の供給もたっぷりあった。

真珠灰は、これを使うとうれしいほどふんわりサクサクした食感になったので、パン以外の焼き菓子などにも使われるようになった。「クッキー」という言葉が初めて登場したレシピ本でも、真珠灰が膨張剤として使われていた。そして、真珠灰は海外へも進出した。1792年には、アメリカだけで約800トンの真珠灰をヨーロッパへ輸出するようになっていた[29]。

真珠灰のほかにも化学的な膨張剤があった。酸性塩、アルカリ塩、無機塩類、そしてこれらの物質をさまざまに混ぜ合わせたものなどだ。雄鹿の角から採った炭酸アンモニウム（鹿角精）も同じく一般的だった（スカンディナヴィア諸国では今も一般的で、クリスピーな薄いクッキーを作るときに使われる）。鹿の角からは約28・5パーセントのアンモニウムができ、ひいて粉末にするための角がひと山いくらで売られていた。

化学的な膨張剤は製法がどんどん改良され、大きなビジネスになっていった。後にアーム&ハマーとなるチャーチ&ドワイト社は、1846年にベーキングソーダつまり重炭酸ソーダ（重曹）を発売した。この新製品——正式名称は「重炭酸ナトリウム」——はたちまち競合の膨張剤より売れるようになった。ほかの膨張剤は不快な風味がすることがあったからだ。ただし知名度なら、重炭酸カリウム、当時の消費者が「サレレイタス」と呼んでいたものも負けてはいなかった（実は「サレレイタス」という呼び名は重炭酸カリウムを指すときにも真珠灰のことを言うときにも使われていた。当時の用語は不正確なことが時々あった）。それから10年後、前述のエベン・ホースフォードが重炭酸ナトリウムとリン酸二水素カルシウムを組み合わせて酵母の代わりとなる化学的膨張剤を

ベーキングパウダーの広告。手頃で時間がかからず頼りになるベーキングパウダーは、虐げられた貧しい人々に好まれる（というか、必要な）膨張剤となった。そうした人々は、産業主義のせいで時間に追われるようになっていた。工場での賃金労働が家庭で過ごす時間を大きく奪い、家事の時間を奪ったからだ。パン焼きもそのひとつだった。このためベーキングパウダーは好都合で便利だったが、こうした利点の代償として、伝統的な方法で焼いたパンのおいしさや栄養を手放すことになった。

作るというアイデアを思いついた。これが今もおなじみのベーキングパウダーである。

主婦層はこうした発明品に飛びついた。それまでは酵母でパンやケーキの生地を膨らませていたのが、その発酵に当てなければならなかった時間を省けるからだ。酵母で生地を膨らませることは生物を相手にすることであり、さまざまな世話が必要だ。だがベーキングソーダなどは基本的には化学を利用した膨張剤であり、材料を2、3種類用意するだけでさまざまなものを作ることができた。パンケーキ、クッキー、ワッフル、ビスケット、カップケーキ、フリッター……ほかにもいろいろなものが簡単に作れるようになった。もう何日もかけて大きなパンを焼く必要はなく、そのパンが何週間も食卓にのぼることもなくなった。確かに大きな塊のパンのほうが小さなパンより日持ちはしたが、小さくて軽い焼き菓子は気が向いたときに短時間で作ることができる。手軽に菓子を焼けるようになったため、中産階級の家庭では午後のお茶会やちょっとしたお楽しみ会などを開くようになり、それまで重い家事の負担に苦しんできた主婦層が楽しい気分転換をすることが可能になったのである。[30]

化学的な膨張剤の誕生は、人々の調理や食事の考え方を変えるきっかけにもなった。それまで食事を作るということは、たいていの場合、料理をする人がある種の自然の法則や微生物と共同で作業をするようなものだった。そのためには、長い時間をかけて誰かが料理をする過程を観察し、知識を得る必要があった。調理の手間を省くことや調理以外の活動を優先することなど、ほとんどなかった。

しかし、18世紀が終わって19世紀が始まると、時間は違う意味を帯びるようになる。アメリカの人類学者で社会批評家のデヴィッド・グレーバーは、産業革命と同時に「だれもが中世の商人のごとく、時間を気にするよう」になったと書いている。つまり時間が、「貨幣と同じように、慎重に計画し、慎重に使用すべき、有形の財産であるかのように」考えるようになったという。「さらに、〔当時の〕あたらしいテクノロジーによって、だれもが地上の一定の時間を一律の単位に切り刻み、貨幣と引き換えに売買できるようになった」[31]〔デヴィッド・グレーバー著『ブルシット・ジョブ――クソどうでもいい仕事の理論』／酒井隆史ほか訳／岩波書店より訳文引用〕。

不確実で気まぐれ、膨らむまでに時間がかかる酵母を使えば、パンを焼くためには途方もない時間が必要になる。だが化学的な膨張剤なら、早く、いつも同じように生地を膨らませることができる。グレーバーの言う中世の商人のような考え方が一般の人々の間に定着するにつれ、貧しい人々もわが身の窮状に対する見方を変えるようになった。時は金なり。そして時も金もない人々は、何であれ割に合わないことをしていたら苦しくなるばかりなのではないかと心配するようになった。

中産階級の人々は、化学的な膨張剤を利用することで、空いた時間を自分の好きなことに使えるようになったが、支配される立場の貧しい人々は、その中産階級のために働くばかりだった。1877年にアメリカ政府が先住民族のズニ族から先祖伝来の土地を取り上げて居留地に移住させたとき、政府はズニ族の主食となるトウモロコシなどの代わりに、精白した小麦粉と砂糖とベーキングパウダーと油を与えた。以来、ズニ族はそうした材料で揚げパンを作ることを余儀なくされた。この揚げパンは今でも南西部のロードサイドでよく見かけるが、ズニ族が伝統的に母から娘へと味を伝え続けてきたブルーコーンのパンに比べると、栄養的にはるかに劣る。[32]

ズニ属と同じように土地を奪われた人々が、大西洋の向こう側にもいた。アイルランド人だ。重い地代のために貧困にあえぐようになったアイルランド人は、バターたっぷりのオートケーキなどの栄養豊富な食べ物ではなく、ソーダで膨らませたパンを食べるようになった。先祖伝来のパンを味わうことができるのは少数の金持ちだけだった。

土地を奪われたり地代を搾り取られたりしていた人々にとっては、化学的な膨張剤で作ったパンは否応なしに食べねばならない食料だった。そうしたパンには栄養が足りないことや、後々健康に影響が出るかもしれないことについて、気にはしていたかもしれないが、どうすることもできなかった。だが奇しくも、アメリカとヨーロッパにいるもっと裕福な同胞も、彼ら貧困層と同じように、そうしたパンは健康に悪影響を与えるのではないかと危惧していた。19世紀の長老派教会の聖職者シルヴェスター・グレアムは、全粒粉のパンと野菜だけの食事こそ道徳的純潔をもたらすと語った。とはいえ、伝統的なパンには否定的であり、酵母は「不浄で有毒な物質」だと認識していた。[33] どうしても酵母を使わなければならないときは、新鮮な地元産のものを使うべきだとした。

同じく健康について一家言あるウィリアム・オールコットの主張はグレアムよりも過激だった。発酵食品は完全に避けるように、と自著の読者に警告していたのである。彼によれば、発酵とは腐敗であり、酵母は人体に有害な腐敗物なのだという。彼は、発酵食品がおいしいかどうかはもちろん、それが食べられるかどうかについても、そもそも興味がないのだった。発酵させたパンの代替品として彼が盛んに推奨したのは、ふるいにかけていない粗びき粉を使い、塩を入れず、膨らませもしないパンだった。だがそれは彼自身も飲みこむのに苦労するような代物だったようで、ある本ではこんなふうに書いている。「それはふすまかおがくずでも食べているみたいに味がない。まずいだけでなく、ひどく気持ちが悪くなるようなものに思われた」[34]。当時はすでに発酵と腐敗は違うということを示す発見が数多くなされていたのだが、それでも「発酵は腐敗だ」という古い認識がまだ広く残っていた。

1858年、ボストン・ウォーター・キュア（ボストン水治療法）の人々も独自の代替品を提案し、『良いパン——酵母もパウダーも使わずに軽いパンを作る方法 *Good Bread: How to Make It Light, Without Yeast, or Powders*』というパンフレットを出している。そのなかで彼らは当時のパンについて、「発酵により腐っているか、酸とアルカリで汚染されている」ので、「命の糧どころか死の糧だ」とけなしている[35]。彼らによれば、生地は発酵させて膨らませるものではなく、極めて高温のオーブンで焼くべきものらしい。高温で焼くことで生地のなかの水分が膨張してパンが膨らむ、という理屈だ。

化学的に膨張させるのとは反対に、膨張剤を完全に避ける方法の考案も、おりからの起業家精神の高まりから生まれた。この気運に突き動かされたひとりが、ジョン・ドーグリッシュだった。ロンドンで医師をしていたドーグリッシュは化学会（ケミカル・ソサエティ）の会員でもあり、蒸気やガス——ヴィクトリア朝のイギリスで大流行していたエネルギー源——を利用すれば、酵母や化学的膨張剤と同じようにパン生地を膨らませることができるのではないかと考えた。彼は炭酸ガス（二酸化炭素）に目を付け、炭酸カルシウム、つまりチョークに硫酸を注いで二酸化炭素を発生さ

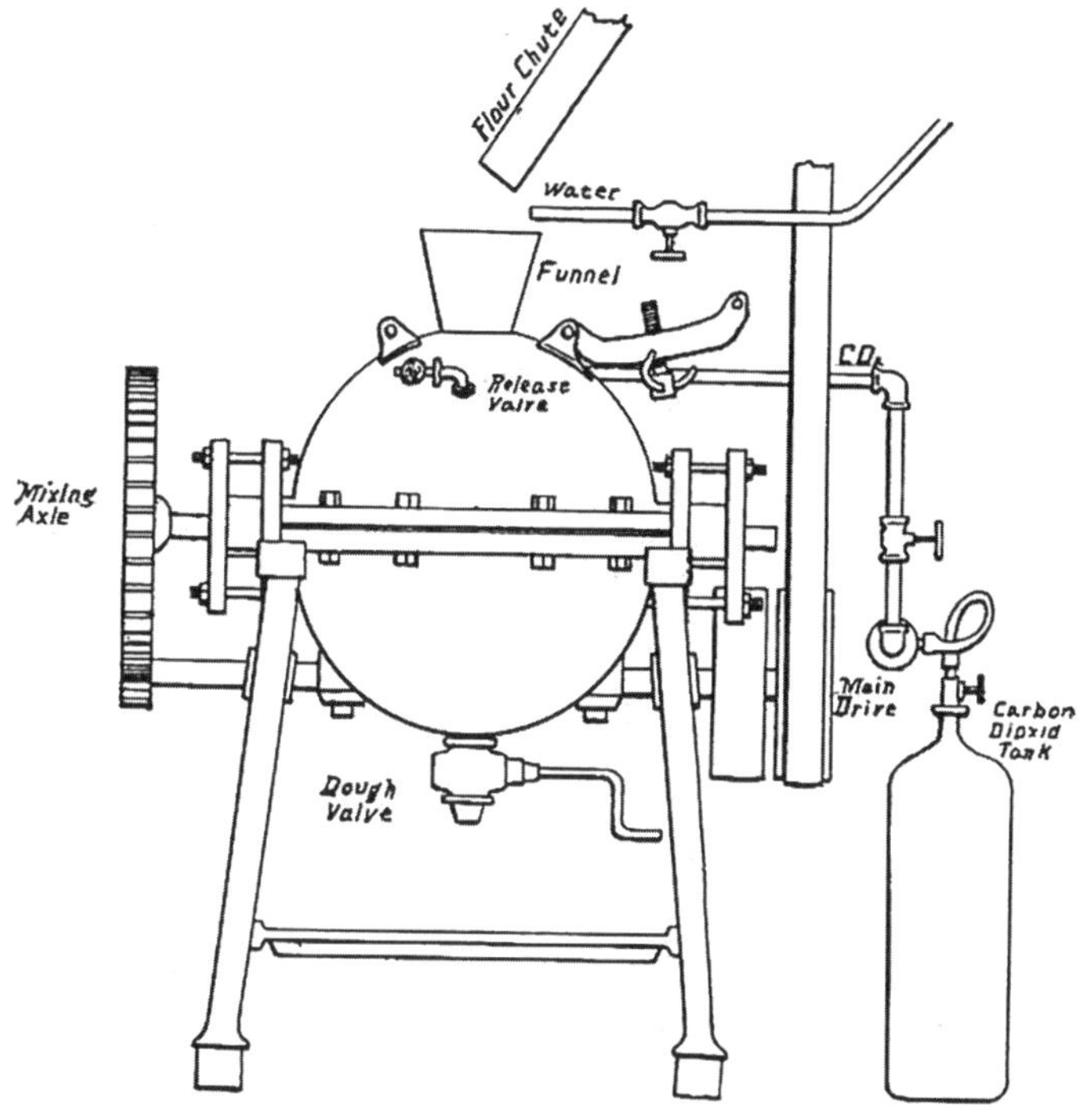


ドーグリッシュのエアレイティド・ブレッド製造機の概略図。パン作りを工業化した初期の例であるエアレイティド・ブレッドは、早く大量に作ることができ、栄養価の損失も少なかったが、それでも顧客をつかんでおくことができなかった。発酵というプロセスが伝統的なパンに加えていた風味がエアレイティド・ブレッドには欠けていたからだ。

せるという方法を考案した（後には硫酸とチョークの代わりに、発酵した麦芽と小麦粉の「ワイン・ホエー」を使った）。この炭酸ガスを液体に含ませ、その液体と小麦粉を混ぜて作ったパン生地を巨大な鉄製の球体のなかに入れるというアイデアだ。そしてその鉄製の球体の内部には、ヴィクトリア朝のカリスマ主婦ミセス・ビートンの著書によれば「パドルのシステム」なるものがあり、その球体の機械を起動させると、それが「絶え間なく回転し、その作業のうちの練るという部分を行っていた[36]」。

こうして誕生したのが、エアレイティド・ブレッド・カンパニーだった。創業者によれば、同社は40分間で254キロ入りの袋入り小麦粉2袋から0・9キロのパン400個を作ることができたという。ドーグリッシュの発明のスピードと経済性とスケールの大きさに多くの人が感心したのは疑いない。少なくとも、時間の節約という点では大きな進歩だった。伝統的な方法でこの分量のパンを焼くとしたら10時間はかかってしまう。しかも、時間だけでなく栄養価も無駄にしてはいない。ドーグリッシュの方法では、パンを焼く過程で出てしまう炭水化物のロスも少なくなるとのことだった。伝統的な方法で膨らませたパンの場合、酵母が炭水化物を消費してしまうからである。だが「エアレイティド・ブレッド」、つまり炭酸ガスで膨らませたパンは酵母の働きがパンに与える風味があまりなく、製造コストもかかった。そのため事業としては大失敗に終わった。しかも炭酸ガスを注入する装置がたびたび予期せぬ動きをし、操作中にけが人が出ていたとあっては、この結末はなおさら避けられないことだったのかもしれない。

だがドーグリッシュのパンが失敗しても、イノベーションの流れが止まることはなかった。金の

「フライシュマンズ・イースト」を宣伝する20世紀初めのトレードカード。フライシュマン兄弟の加工のおかげで日持ちが良くなり、楽に持ち運びできるようになったことから、酵母はついにベーキングパウダーと同じく、時間も費用も節約でき信頼性もある膨張剤となった。

匂いにつられ、なおも続々と新しいアイデアが登場した。なかには大きな成果をあげたものもある。化学的製造法や機械的製造法に対する回答のひとつとして、培養された酵母が1876年のフィラデルフィア万国博覧会に出展された。考案したのはウィーン出身のフライシュマン兄弟である。この兄弟はふたりとも、アメリカで手に入れられる酵母の品質に以前からがっかりしていた。それまでの酵母はたいていは瓶で保存されていたが、爆発することがよくあったのである。かと言って、板の上に広げて乾燥させても、大気中のさまざまな物質に汚染されてしまう。ならば酵母を圧縮したら保存できるのではないか、とフライシュマン兄弟はひらめいた。ふたりはこのアイデアを実行に移し、酵母から水分を抜いて、小さな固形に圧縮してみた。すると、こうして加工した酵母なら保存がきき、持ち運びもしやすいとわかった。しかも焼き上がりが安定し、後味の苦みがなく、膨らませる時間も半分ですんだ。フライシュマン兄弟の発明は、家庭でパンを焼くときのみならずパン屋にとっても非常にありがたいものだった。こうして、史上初めて酵母を思いどおりに使うことができるようになった。これは、信頼性と耐久性という点でベーキングパウダーに匹敵する酵母だった。[37]

日持ちが良くなった酵母は、時代の要請に応えて登場した多くの革新的な発明の仲間入りをした。だがすでに、ベーキングパウダーやフライシュマン兄弟の速効性の加工酵母があっても、それを使って膨らませた生地を焼く時間すらないという人が多い時代に突入していた。このため、すでに焼いてあり食卓に出すだけのパンを買いたいという需要が生まれていた。その需要に応えようとして、パン作りに工業が参入してきた。パンは工場で作られるものとなり、パン作りの古い方法は消え始めていった。同時に、パンの販売に関する慣習法上の制約も消えた。たとえば「スタンダード・ローフ」は重量が0・9キロか1・8キロであることがすべてのパン屋に求められていたが、1866年に「パンの度量衡法（アサイズ・オブ・ブレッド）」が最終的に廃止され、パン屋は自由に設定できるようになった。また、パン職人の組合が最終的に解体されたことから職人の賃金は急降下し、さまざまな規則や規制も効力を失ったことから、パン屋は品質と価格だけで勝負せねばならなくなった。製パン業全体が過当競争の時代に入り、割に合わない仕事になった。以前は組合が儲けていた参入障壁が消え、ほぼ誰でもパン屋を開くことができるようになっていた。[38]

かつて体験したことのない市場の圧力と規制緩和に対応するため、製パン業界は人件費の節約方法として機械化に目を向けはじめた。数々の問題を技術的に解決する方向を選んだことで、パン製造は資本集約型の事業に変わっていった。たとえば昔のパン屋は家族や親族でパン生地をこねたものだったが、1910年頃になると、多くの店が機械でこねるようになっていた。とはいえ、昔ながらの考え方をするパン職人はもちろんまだいて、彼らは機械化を好まなかった。もし生地を機械でこねたりしたら、その生地は——完全に使い物にならない、とまではいかなくとも——ひどいしろものになってしまうと力説するのだった。[39]

だが機械化は、夢はあるが資金はないパン職人の未来もつぶすものだった。製パン工場の設備に高額な初期投資を投下できる生産者だけが、市場を支配するようになっていった。大きなパン工場は、たとえ機械で作ったパンは品質がよくないという声があっても、大規模な宣伝活動を行い、自社の製品は独自のタイプのパンであり、伝統的な地元のパンとは種類が違うのだと主張した。[40]「ブラウンではありません。ホーヴィスです。」という広告コピーがあったが、これを打ち出した全粒粉のパン（ブラウン・ブレッド）のメーカーは今もイギリスで人気がある。

1961年、工業的規模の製パン業はさらに大きな躍進を遂げた。ブリティッシュ・ベーキング・インダストリーズ・リサーチ・アソシエーションが開発した「チョーリーウッド法」という製法がその原動力となった。この製法でパンを作ると、3時間半で小麦粉からパンを作り、しかも包装までですることができた。チョーリーウッド法のこの驚異のスピードの秘密は、ひとつには生地を大量に発酵させるプロセスを改良したことだった。それまでは生地を膨らませるのにどれだけ早くても5時間はかかっていたが、大幅に短縮することができた。またグルテンの生成も、生地を寝かせることなく実現できるようになった。料理研究家のエリザベス・デーヴィッドによれば、「高速回転

20世紀半ばのアメリカのパン「ボンド」の「均質パン」の広告。チョーリーウッド法などの革新的技術がパン製造の迅速化と画一化をもたらし、街角のパン屋は大手企業に顧客を奪われた。大手企業には資金も資源も十分あったので、特殊な設備を購入することができ、ますます都会化するブルーカラーの消費者が既製品のパンを求める需要にこたえることができた。

のミキサーで数分間機械的に強く攪拌すること」によってこれを実現したという。[41] チョーリーウッド法で作ったパンは、身が詰まってきめ細かいが弾力が強く、押しつぶされてもすぐに元の形に戻るので運搬しやすかった。ただし、おいしくはなかった。時間をかけて酵母を発酵させたわけではないため、風味をもたらすエステル類などの副産物が生成されないからである。

　チョーリーウッド法という工業技術の勝利は現在まで続いている。現在イギリスで販売されているパンの約80パーセントがチョーリーウッド法で作られている。一方アメリカでは、製パン業者は「中種法《なかだねほう》」を好む［日本でもこの製法が主流］。中種法は生地を発酵させる時間をチョーリーウッド法よりも長くとる――ただし機械によるパン作りという点は同じだ。いずれにしても、ふわふわで弾力はあるが風味はないパンが市場を支配し、健康的で風味豊か、伝統的製法の職人技を感じさせるパン、いわゆる「アーティザナル artisanal」なパンは、稀少性や品質の高さをアピールする方向に進んでいくことになった。

どうしてこうなったのだろうか。「一九〇〇年以後、匿名の企業の影響が生活のほとんどあらゆる領域に浸透する時代が訪れた」と20世紀のスイスの歴史家で評論家のジークフリード・ギーディオンは1948年の名著『機械化の文化史』〔GK研究所・榮久庵祥二訳／鹿島出版会／1977年〕で書いている。「均一性と見かけのよさに対する強い関心は同時に起こった」[42]。こうした企業活動に飲みこまれたのが、命の糧であるパンだった。「パンの性質の変化は、生産者の利益に帰着した」とギーディオンは言う。「結局、消費者のほうで、それとも知らず、大量生産と速い消費に最も適したタイプのパンに自分の好みを合わせたといっても過言でない」〔『機械化の文化史』[43]より訳文引用〕。

自分の好みを合わせる行為、つまり「適合」行為全般に言えることだが、消費者が自らの味覚をパンという「商品」に合わせてしまうことも、自分の環境にかかるある種の圧力への反応と言えるだろう。なにがしかの機会を求めて大都市に引き寄せられ、1日に12時間から16時間も働き、ほんの少し残った時間に眠り、工場で製造されたパンを食べる――そんな人々は、いわば工場の奴隷だった。「パンとマーガリン」は労働者階級の食事の基本となったが、そんな食事が健康に良いわけがない（しかも、そのパンはホワイトブレッドでなければならず、繊維質の多いウィートブレッドではない。工場主が工員にトイレ休憩を取らせたくないからだ）。料理史研究家のリンダ・チヴィテッロによると、大量生産品のパンや焼き菓子とはそもそも歴史を持たない食品なのだという[44]。しかしこの特質こそが、家庭以外のところで職を探す必要に迫られ、自らの経歴や家族の歴史から疎外さ

ワシントン DC 近郊のファーマーズ・マーケットで「アーティザナル」なパンを売る店。近年は伝統的な製パン法が流行している。アーティザナルなパンは、往年の微妙だが独特の風味があるパンを好む消費者に人気がある。そうしたパンは栄養面でも高く評価されている。

れてしまった人々に訴えかけた。彼らが買えるようなパンは、工業化時代の賃労働者の暮らしそのものと類似していたのだ――単調で、味気なく、個性がなく、安価に手に入る。

一方、先祖が炉で焼いていた家庭的なパンは、もはや質素なものではなく、まさにそうした特質ゆえに高級なものとなった。20世紀のアメリカの社会学者、ソースティン・ヴェブレンの言う「誇示的消費」の文化に照らして見れば、工業化以前の庶民による、そうするしかなかったから念入りに手作りしていた主要な食品は、有閑階級の買い求める「アーティザナル」な作品になっていったのだ。

加工食品を推奨する人々は、その主張の裏付けとして、加工食品は便利であり、大量生産が可能だと言う。そして、便利な商品が大量にあることで人間は単調な労働の時間から解放されると言う。しかし、そうした時間を手放すことこそが重要なのではないか。その時間を使って好きなことを満喫するとか、才能を伸ばすとか、利益を得るとかの恩恵があるなら、もちろんそれは何かを得ることになるだろう。しかし、単調な労働をもっとするための加工食品ならば、何も得たことにはならない。

こうした見せかけだけの利得を手にすることで何を失っているのか、ということも考える必要がある。最近の研究によると、サワー種などの天然酵母で作ったパンは工業的製法のパンよりもグリセミック指数が低く（血糖値が急上昇する可能性が低いということ）、パンに含まれる「生物が利用可能な栄養素」の量が多い[45]。伝統的な方法で発酵させたパンは、グルテン不耐性を軽減する可能性すらあるという[46]。微生物は、その働くペースは不確実であり、季節や気温といった大きな世界に左右される。だが、その微細だが重要な魔法が、健康的でない食べ物を健康的な食べ物に変える。このことこそ、ほかにはない大きな利得である。

# 第4章　ときに危険な二面性
## 菌類と食物

カビは人類が現れる前からそこにいて繁殖していた。はるか未来、人間がその役割を果たし、暗い舞台のそでへ手探りで引っこむか、舞台のせりから奈落へ下りるかしてから長い時が過ぎた後も、カビはその多くが存在するだろうことはかなり確実である。

――クライド・M・クリステンセン『カビと人間――菌類概論 *The Molds and Man: An Introduction to the Fungi*』[1]

酵母がパン生地を膨らませることができるとわかったのは幸いなことだった。その後まもなく、カビもそれなりのよろこびをもたらしてくれることがわかった。この話には、南フランスのとある洞窟で昼寝をするのが好きだった羊飼いが登場する。ある日のこと、羊飼いは昼寝から目覚めると、その日たまたま洞窟に立ち寄った魅力的な娘の羊飼いを追って洞窟から出た。そのため、食べ残した昼食のチーズ・サンドイッチを持って出るのを忘れてしまった。チーズサンドは洞窟に置きっぱなしになり、後日羊飼いが戻って来ると、カビだらけになっていた。彼はそのチーズサンドをぽい

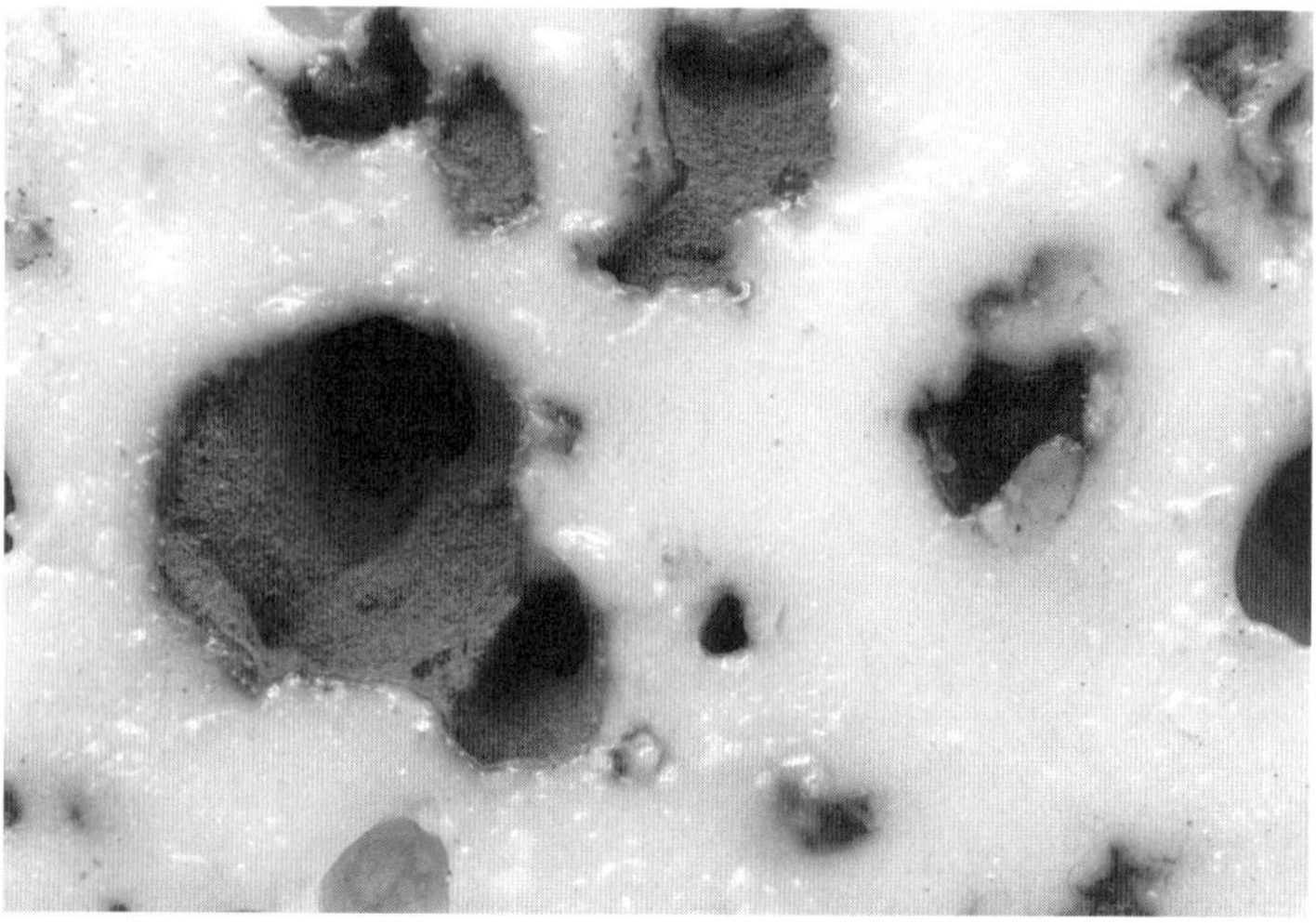

ロックフォール・チーズの断面。くぼみにロックフォール特有のカビ、ペニシリウム・ロックフォルティが見える。ロックフォールの起源についての逸話はたぶんでっち上げだろうが、このチーズのカビの発生源は本物だ。実際ロックフォールは、あの恋した羊飼いが昼寝をしていたと言われている洞窟で今にいたるまで作られている。

と投げ捨てたが、試しにと思って、チーズだけをつまんでみることにした。すると、チーズの風味がぐんと良くなっていた。羊飼いは村へ戻り、友人や近所の人たちにこのことを知らせた。彼の話に興味をそそられ、村人たちもチーズサンドを洞窟へ持ちこみ、放置して魔法がかかるのを待った。

それは偶然の産物だった。その洞窟の土壌には、後にペニシリウム・ロックフォルティ（学名 *Penicillium roqueforti*）と呼ばれるようになったアオカビの一種が豊富にすみ着いており、それがパンを汚染し、はさんであったチーズにも感染したのだ。チーズに生えたカビは青かった。そのチーズこそ、ロックフォールである（ロックフォールは現在もその羊飼いの洞窟や類似の別の洞窟で生産されている）。

ロックフォールが本当にこの物語のような

方法で発見されたのかどうかは、実ははっきりしない。だが、ロックフォールが偶然の汚染から生まれたものである可能性は十分ある。「このチーズを最初に作ったのは幸運な偶然にすぎない」と20世紀のアメリカの菌学者クライド・M・クリステンセンは書いている。「このチーズの生産者は、先祖が作っていたチーズと、つまり汚れと風味と栄養がたっぷりのチーズと同じチーズを作ろうとしていただけだ」[2]。

現在、ペニシリウム・ロックフォルティに属する約600種の菌株は、さまざまなタイプのチーズに風味と栄養をもたらしている。チーズ生産者の多くは研究機関などで人工培養された株を利用しているが、伝統的な製法で作り続ける生産者もいる。まず、よく焼いた大きなライ麦パンを洞窟に放置してカビがつくのを待つ。カビがついたら粉末にして、チーズのカード（凝乳《ぎようにゆう》）にまぶすか、チーズの外皮に開けた穴から内部に注入する（ロックフォールなどの内部にカビがあるチーズは圧搾せずに放置する。するとカードに残った隙間がカビの繁殖のための空間と空気を提供する）。その後、チーズを洞窟内に移し、カビが完全に繁殖するまで置いておく。やがて洞窟から取り出したものが、カマンベール、ゴルゴンゾーラ、スティルトンなど、今も愛されている香り高いすばらしいチーズだ[3]。

第6章でもくわしく見ていくが、チーズは、カビが主役となって作られる数々の発酵食品のひとつにすぎない。たとえば、いわゆる貴腐菌《きふ》、ボトリティス・シネレア（学名 *Botrytis cinerea*）というよくある灰色のカビは、世界最高のワインの生産に欠かせないものだ。このカビはブドウ畑で感染することが多い。ブドウがしなびてしまうので胴枯れ病の一種だと長いこと考えられてきたが、18

ボトリティス・シネレア（貴腐菌）のついたブドウ。いわゆる「貴腐」と呼ばれる現象だが、長いこと胴枯れ病だと考えられていた。だが、割り当てられた量のワインをどうしても作らねばならなかった中世の修道士たちのおかげで、このカビが実際には独特のおいしいヴァラエタルワイン（単一品種ワイン）を作ることがわかった。

世紀末期になって、ドイツのある修道院長の失敗で、病気ではないことがわかった。

当時、ドイツのブドウ畑は教会が所有しており、そこの領主でもある大修道院長が公式の通達を出すまではブドウの収穫を始めてはならないとされていた。ところがある年のこと、その大修道院長は収穫のことをすっかり忘れていたようだった。バイエルンのヨハニスベルク村の修道士たちは大修道院長から収穫の許可が来るのを待っていたが、まだ連絡が来なかった。心配した修道士たちは大修道院長へ使者を送った。ところが使者は――一説によると途中で追いはぎに襲われたか、美女に惑わされたかして足止めされ――戻ってこなかった。修道士たちはもう一度使者を送ったが、やはりこの使者もどこかに姿を消してしまった。

3人目の使者を送り出したところ、今度はようやく大修道院長のところへたどり着き、収穫の許可を携えて戻って来た。ようやく収穫を始められたが、予定より4週間遅れていた。すでにこのとき、熟しすぎたブドウには前述のようなカビがびっしりとついていた。修道士たちには割り当てられたノルマがあるので、どうしてもブドウを収穫しなくてはならなかった。仕方なく、丸々と実ったブドウもしなびてしまったブドウも、すべて一緒くたにしてかごに放りこんでいった。

うれしいことに、ブドウをだめにしてしまったかに見えたカビは、ブドウの糖分を濃縮し、独特の芳香を与えていた。そこで、この現象を「貴腐」と呼ぶようになった。今ではヨーロッパの最高のワイナリーでは、ブドウの一部を収穫せず残しておき、貴腐菌がつくのを待つ。このカビのテロワールを引き立たせるために特別なワイン酵母を培養していることさえある。ピコリット、ゲヴュルツトラミネール、ヴーヴレ、シャトー・ディケム――なかでもシャトー・ディケムが最高級品だと広く考えられている――は貴腐ブドウから作られている。[4]

この貴腐菌の話は、カビの謎めいた性質をうまく描写している。カビは人間の味方なのか、敵なのか？　近代科学以前の時代には、その答えを出すには実験と長年の経験しかなかった。たとえば、コメや大麦や大豆につくカビはコウジカビというアスペルギルス（学名 *Aspergillus*）属の糸状菌で、友好的なカビだ。このカビを植えつけた培地を「麹」と言う。日本語で「カビのついた穀物」という意味だ。このカビが大豆のデンプンに作用すると、デンプンは発酵可能な糖分に変わり、そこから醤油、日本酒、味噌などの日本で一般的な食品を作ることができる。

コウジカビは大昔から利用されてきた。このカビに言及している最古の文書は、中国で紀元前300年頃［諸説ある］に書かれた『周礼《しゅらい》』だ。紀元前165年に建てられたとされる貴人の墓からは、死後の世界へ旅立つための必需品に大豆の麹が含まれているのが発見された。その数十年後に書かれたとされる中国で最も有名な歴史書『史記』でも、豆麹が中国で最も重要な必需品のひとつだとされている。豆麹は1776年には「ボーエンズ・パテント・ソイ」という形で西方へも伝わっていることがわかっている。これはサミュエル・ボーエンというアメリカ人が本拠地にしていたジョージア植民地で作った醤油の一種だ。[5]

醤油は今でも、古代のアジアとほぼ同じ製法で作られている。テンペ［インドネシア発祥の大豆の発酵食品］、酒、味噌といった、麹を使って作られるほかの食品も同様で、どの食品もコウジカビの働きによるすばらしい変身の成果だ。たとえば醤油を作るには、同量のゆでた大豆と炒った小麦を混ぜてから、そこに培養した胞子を植えつける。どのような培養菌を植えつけるかは作る醤油の種類による。たまり醤油を作るときには、大豆と小麦を混ぜ合わせたものにタマリコウジカビ（学名 *Aspergillus tamarii*）を植えつけてから発酵させる。すると、アミノグリコシド反応と呼ばれる現象が起きる。微生物が穀物のタンパク質を分解して遊離アミノ酸とタンパク小片に変え、デンプンを単糖類に変える。醤油が独特の茶色をしているのはこのためだ。さらに、乳酸菌が糖分を発酵させて乳酸を作り、酵母がエタノールを作る。それを熟成させると醤油の独特の風味が生まれる。

テンペや日本酒を作る場合も、コウジカビが同様の働きをする。テンペの場合は、ゆでた大豆にコウジカビがコロニーを作り、大豆を発酵させて消化されやすい食品にする（伝えられるところでは、ベトナム戦争の捕虜はテンペのおかげで生き残ったという。発酵してない大豆を消化する力がなかったからだ)。酒を造るときは、コメのデンプンをニホンコウジカビ(学名 *Aspergillus oryzae*)が分解して糖分にし、その糖分を酵母がエチルアルコールと二酸化炭素に変える。

1890年代のこと、高峰譲吉《たかみねじょうきち》という日本人の科学者が、麹を利用してウイスキーを造ろうと試みた。高峰の考案した方法は伝統的製法からの脱却をもたらすものだった。従来は、ウイスキーのもととなるもろみをつくるには、大麦を発芽させた麦芽が自らの酵素でデンプンを分解して麦芽糖になるのを待つ方法が一般的だったが、麹で糖化を行って麦汁をつくれば、この方法よりも早くかつ効率的にもろみにできるのではないかと高峰は考えた。というのも、ニホンコウジカビのほうが麦芽の糖化力よりも強力だったからである。特に、小麦のふすまを培地に使うと効果的だった。しかも、ニホンコウジカビ自体がたった3日間で増殖し(大麦だと6か月は必要だ)、その後いつでもすぐに利用することができるという利点があった。また高峰の研究では、この麹を使う製法であれば、アルコール濃度の高い液体でも微生物が長く生きられるので、アルコール度数をもっと高めることもできた。[6]

残念ながら、高峰の研究成果は市場での成功に結びつかなかった。麹を利用した高峰のウイスキーは、味見した消費者に奇妙な風味だと思われたからだ。それでも高峰は、驚くほど用途が広いコウジカビの可能性を拡大する道筋を示した。

だがコウジカビは、恩恵だけでなく破滅をもたらすこともある。約50種のコウジカビは有毒な代謝物を生成し、しかもナッツや穀物やスパイスといった食品に感染する。[7] たとえば有毒種のアスペ

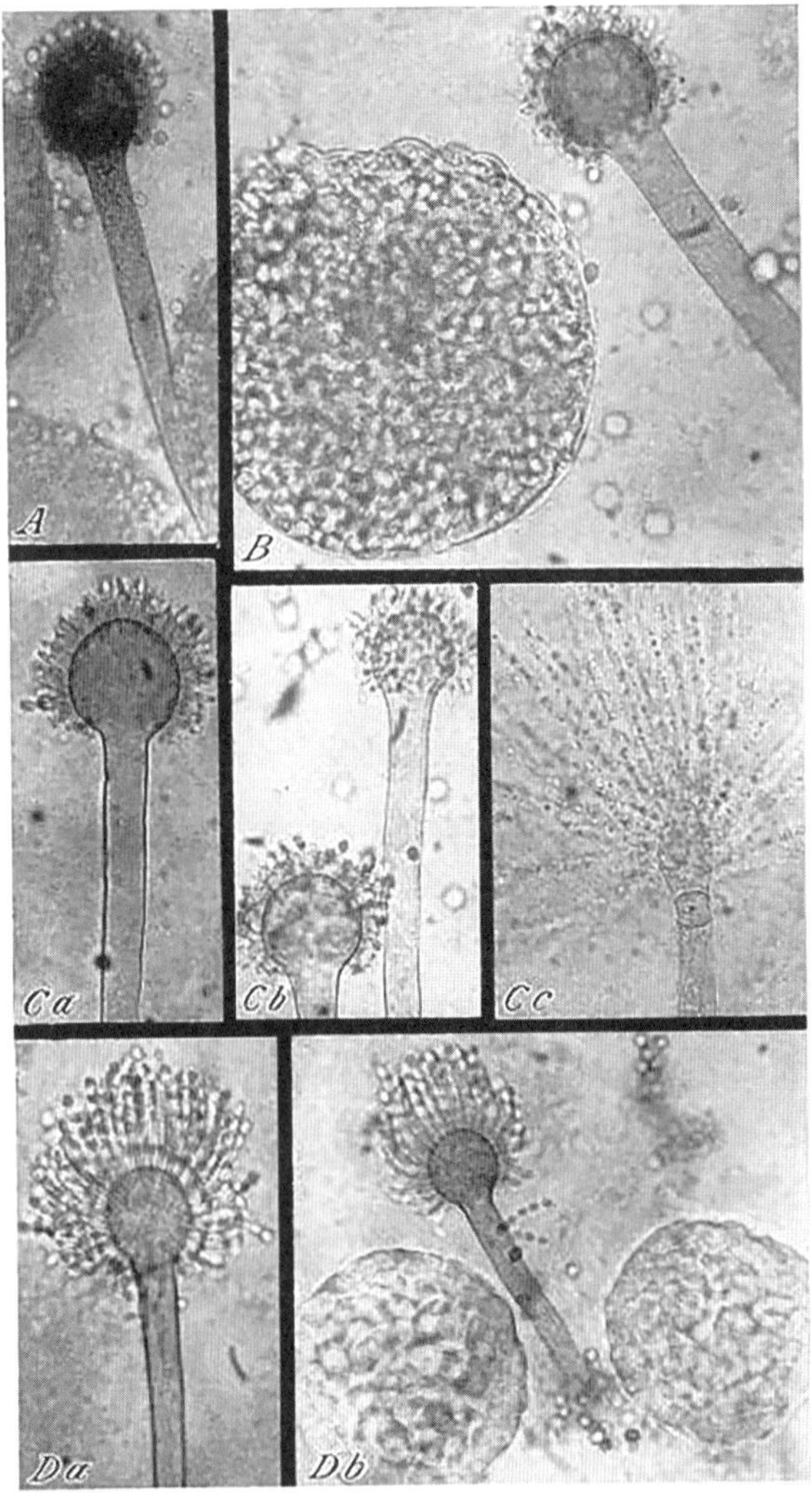


さまざまな種類のコウジカビ。一部の菌株は有害どころか命取りになることまであるが、それ以外は無害で、有益ですらある。後者の例が、醤油やテンペといったおなじみのアジアの食品を作るのに使われる菌株だ。

ルギルス・フラバス（学名 *Aspergillus flavus*）は熱帯気候と亜熱帯気候で特によく繁殖し、食物に感染してアフラトキシンという猛毒の物質を産生する。アフラトキシンは急性の肝障害や肝硬変、肝臓ガンの原因となる。中部アフリカと東南アジアの一部地域で肝臓ガンの発生率が高いのはアフラトキシンを摂取しているためではないかとも言われている。[8] また1974年には、インドで約400名がアスペルギルス・フラバスに感染したトウモロコシを食べて肝炎にかかり、その患者のうち106名が死亡した例がある。[9]

コウジカビの二面性は、菌界全般に通じる二面性を示す。菌界に属する生物が発酵食品で果たす役割は、一見すると謎めいているが、その役割を正しく理解するには菌類の性質と歴史をいくらかでも知る必要がある。菌類の特異性の多くは、菌類が太古からどう進化してきたかを見ていけば納得できるからだ。約5億5000万年前、地上で最古級の生命体に属する菌類と細菌類が、共通の祖先から生まれた。そして菌類と細菌類は、やがて約10万種類の菌類と菌類に似た生物になるまでに増殖した。現在では、約500万種の菌類が存在すると考えられている。[10] そしてその多くが印象的な形態をしている。1992年の『ネイチャー』誌には、ミシガン州北部の森林地帯14ヘクタールに生えているワタゲナラタケ（学名 *Armillaria gallica*）の遺伝子解析について述べた論文が載っているが、それによると、それらの子実体《しじつたい》〔菌類の菌糸が密に集合してできた胞子形成を行う、塊状のもの〕は遺伝子的にすべて同一で、個々の違いがないことがわかったという。[11] それらの子実体を生んだ下層土の菌糸体の網状構造物の年齢は1500歳であることもわかり、生きている有機体としては世界最古のもののひとつとされる。[12]

菌類の起源が太古にあるということは、菌類はほかの有機体の進化に大きな役割を果たしてきたと考えてよい。たとえば、地上に多種多様な植物が生えているのも菌類のおかげだと言える。約4億8500万年前のカンブリア紀の菌類と光合成生物の共生関係がその後の植物の出現を可能にしたのだろうと主張する研究者もいる。[13] その共生関係は現在も続いている。維管束植物類の根の周囲で育つ菌類——菌根菌《きんこんきん》——は、植物の約9割で養分吸収を増加させる。[14] たとえばアメリカ北東部などでよく見られるギンリョウソウモドキは、そうした共生関係の恩恵を受けている。密集した硬い根を見ると、長さ約3ミリ、直径1ミリほどの小さな、枝分かれしたコブのようなものが多数付いているのがわかる。顕微鏡で見るとそれぞれのコブは菌糸体に包まれており、その菌糸が根に侵入して細胞に食物を届け、土壌中に伸びて栄養を集めている。[15] 約3億5000万年前の石炭紀の針葉樹の祖先も、似たような菌類と同じような関係を持っていた。[16]

植物にとっては菌類はなくてはならないものだが、生物学的には動物との共通点も多い。植物の細胞壁がセルロースでできているのに対し、菌類の細胞壁を形成しているのは、強度と柔軟性に富んだ多糖類のキチンという物質であり、これは魚のうろこや甲殻類・昆虫の外骨格の成分でもある。[17] こうしたキチンという共通点があることから見ても、菌類は植物と動物の中間に位置するものとされている。

菌類は摂食方法もユニークだ。太陽光を利用してエネルギーを得るのではなく、酵素を細胞外に分泌し、腐敗しかけた物質の複合分子を単純な形に分解することによって栄養を取る。[18] 生殖は胞子によって行う。胞子は水分に触れると種子のように膨らむ。そして、胞子の細胞壁の発芽孔という

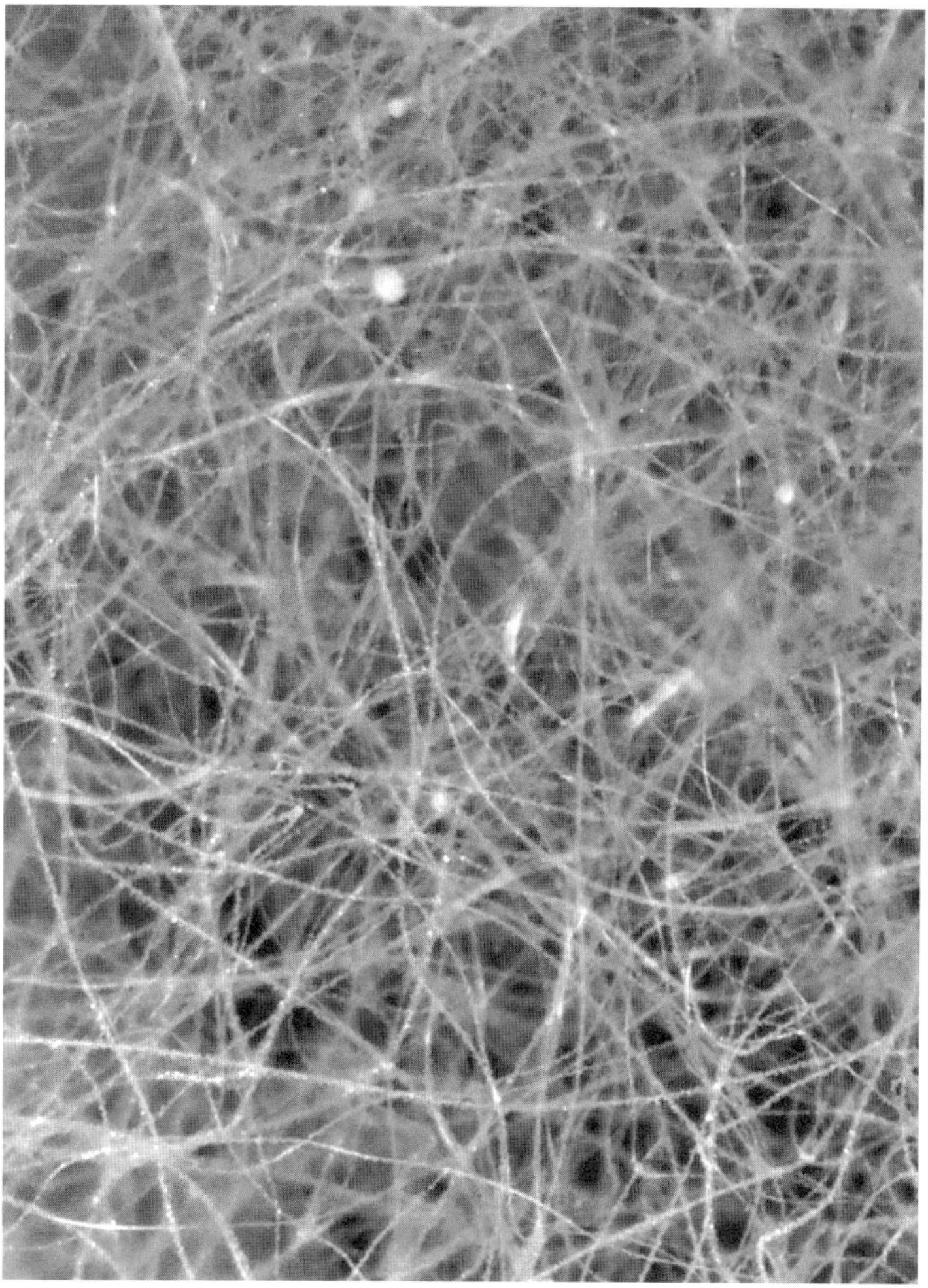

菌糸体。生殖するときは、菌類の子実体 —— 地表にある目に見える部分 —— が胞子をまき散らす。胞子から菌糸が伸び、成長して絡み合い、菌糸体と呼ばれる密集した網状の構造物になる。菌糸は強靭で粘着力があり、コンクリートや船の厚板など、思いもよらない環境でも住み着くことができる。

弱い部分が膨らみ、この膨らみが管のようなもの（発芽管）になって、この管がやがて菌糸と呼ばれる糸状のものになる。菌糸は成長するにつれ枝分かれを繰り返す。伸びる際には、成長する先端部の細胞壁は、細胞壁が伸長できる程度には伸縮性を持ったままだが、細胞壁内の原形質を保護し、菌のほかの部分に栄養を送り続けられる程度には硬い状態を保つ。最終的には、菌糸が絡み合い密集してコロニーを作る。コロニーが十分大きくなると、「菌糸体」となる。[19] 森林の地表面から生えたキノコを摘むと、細い糸状の尾のようなものが付いている。摘んだ部分、つまり子実体は地面の下にあるもっと大きな有機体の生殖器官にすぎない。子実体はある程度成長すると胞子をまき散らし、成長のサイクルがまた新たに始まるのである。

そんな菌類のおかげで潤ったチーズや醤油の生産者がいる一方で、菌類を制御できなかったために困窮させられた農民もいた。

エミール・ハンセンが酵母の純粋培養に取り組み始めるより約40年前の１８４３年のこと、史上最悪のひとつに数えられる胴枯れ病の流行がアメリカの大西洋岸中部を襲い、ペンシルヴェニア州とデラウェア州ではジャガイモの半分がやられた。この「新しい病気」にかかると、葉の周縁部にそって黒い斑点ができ、葉の裏側は胞子嚢《のう》――その内部で無性胞子が形成される袋状のもの――を持つ白い菌糸体で覆われてしまう。地下の塊茎《かいけい》（イモの部分）にも黒い斑点ができると、やがて腐っていった。[20]「もし自分がこんな苦境に立たされたら、どうするだろう」と20世紀の植物病理学者アーネスト・ラージは胴枯れ病について書いている。「口と鼻から不気味な無色の海藻が生えてきて、

ジャガイモ疫病菌に感染したジャガイモ。この微生物が19世紀半ばのアイルランドで起きた「大飢饉」の元凶だった。

その根が自分の消化器と肺を破壊したり窒息させたりしている——そんなことになったらどうするだろうか。ジャガイモの葉がジャガイモ疫病菌（学名 *Botrytis [Phytophthora] infestans*）のカビに覆われているのを見たら、そのジャガイモがどういう状態にあるかについて、多少詰めが甘くても、馬鹿みたいでも、おそらくなにかできることはないかと知恵をしぼるだろう[21]」。

　1844年には胴枯れ病はアメリカ中西部へ広がり、カナダへも侵入した。ブリテン諸島で最初に胴枯れ病が確認されたのは、その翌年（1845年）の雨の日が続いた冷夏のことだった。雨天続きで胴枯れ病はまたたくまに広がった。特にひどい打撃を受けたのがアイルランドで、その年に収穫するはずだったジャガイモの40パーセントが失われた。翌年はさらに被害が急拡大し、90パーセントが駄目になった[22]。その後も胴枯れ病はたびたび再発した。その結果、合計100万人が餓死していった。
この胴枯れ病の原因については、神の怒りだとか電気の影響だとか、ありとあらゆることがさまざまに言われたが、それらよりも可能性の高い説明を探していた前向きの人もいた。1846年、マイルズ・ジョセフ・バークリーが胴枯れ病についての論文を『ロンドン園芸協会会報 *Journal of the Horticultural Society of London*』に寄稿した。彼は系統的に研究を進めたすえ、次のような結論に達していた。「腐敗はカビが存在する結果であり、腐敗がすなわちカビなのではない（中略）その植物は、そこに付着したカビがその植物の液を吸った結果、不健康になる」[23]。そこで彼は自信をもってこう断言している。カビは「破壊をもたらす直接原因」である。[24]
ジャガイモの胴枯れ病の原因についてのバークリーの説得力ある主張は、菌類と不作の関係が明らかに実在すると示したということに関しては、大きな前進だった[25]（ただし、ジャガイモの胴枯れ病を起こすのは実のところ本物の菌類ではない。卵菌という菌類に似た微生物だ）。だが、それはぎょっとするような見解でもあった。「もし菌類が生息する範囲をすべて調査しようとするならば、それは地上の隅々まで、地上のあらゆる形態の有機物にまで及ぶことになるだろう」と菌類学者のロバート・サッチャー・ロルフとF・W・ロルフは書いている。「驚くべきことに、菌類が必要なものと人間が必要なものはかなり似ている」[26]。そして何世紀にもわたり、菌類は人間に必要なものを犠牲にして菌類に必要なものを得てきた。
菌類と胴枯れ病に関係があるという意外な新事実は人々を不安にさせた。ならば人間がいくら努力しても無駄ではないか、と思われたからだ。苦しみと破壊を人間にもたらした菌類は目に見えない菌類だったにもかかわらず、菌類に対する人間の憎悪や不信の念は、たちまち目に見える菌類であるキノコにも向かった。イギリスの作家イーデン・フィルポッツはこう書いている。「木々の下や生垣の下で艶やかに光るコケ、珊瑚色と琥珀色のキノコ、そしてテングタケなどカサのあるもの……それらは一団となって群れをなして生えていたり、不格好に気味悪くひとつだけぽつんと生えていたりする」[27]。こうしてすべての菌類が同じ穴のむじなと見なされ、悪者扱いされるようになってしまった。

目に見えない細菌の脅威とは違い、目に見えるカビやキノコを見た人々は、昔から本能的に恐怖や嫌悪感を抱いてうろたえてきた。そして、そんな奇妙な有機物はどこからやってくるのだろうと不思議に思った。たとえばアリストテレスの後継者となったテオプラストスは、キノコのトリュフは雷雨や雨から生まれると信じていた。その神秘的な形状が、善でもあり悪でもある証拠なのだという。古代ギリシャの医者で詩人のニカンドロスは、キノコを「大地の邪悪な発酵」と呼んだ[28]。だがそれから数百年後、古代ローマの博物学者大プリニウスは、トリュフは「万物のなかで最もすばらしいもの」だと書いている。なぜなら、「その実は（中略）根もないのに生まれ、生え続けられる」からだという[29]。キノコは古代の芸術にも登場する。エトルリアの壺には、瀕死のケンタウロスがひづめの間にあるキノコをつかみ、まだ見える片目を大きく見張っているようすが描かれている。アッティカにも、キノコを持ったペルセウスを描いた壺や、ヘラクレスが犠牲のブタを神にささげようとしているかたわらで神官がキノコを3本載せた皿を捧げ持っている場面を描いている壺がある[30]。

ケンタウロスや神官といった、人々から尊敬を受ける人物とキノコが結びつけられてきたのは、そうした人物が儀式や医療でキノコを使っていたということを示している。当時使われていた最も一般的なキノコのひとつに、「エブリコ」（学名 *Laricifomes officinalis*）がある。古代ギリシャの医師ディオスコリデスはこのキノコの薬効について、「止血し、熱を生む。そして、激しい腹痛や傷の痛み、手足の骨折、転落による打撲傷によく効く」と書いている。[31] またエブリコは、「肝臓の病気、喘息、黄疸《おうだん》、赤痢、腎臓の病気」の治療に役立つほか、「女性の」胃痛、癲癇《てんかん》、生理痛、腹部膨満にも効くという。[32] ディオスコリデスはこう結論づけている。「患者の年齢と体力に応じて服用すれば、それは体内のあらゆる病に有効だ」。[33]

ディオスコリデスがキノコについて経験豊富だったことは明らかだ。彼は毒キノコを注意深く避けることができた。毒キノコは「さびた釘や腐りかけた敷物の間、あるいは蛇の穴の近く、あるいは有害な果物のなる木に」生えるのだという。[34] 毒キノコを見分けるには、「分厚い粘液に覆われていること」や、集めてから取り置いておくと「すぐに腐る」ことからわかるらしい。[35] そうしたサインがわからずにキノコを食べれば、少なからぬ代償を払うはめになる。[36] 毒キノコを食べしまった不運な人の話はいくつも伝えられている。歴史家のエパルシデスは、古代ギリシャの悲劇詩人エウリピデスが紀元前450年にイカロスの島を訪問したときのことについて書いている。それによると、このときエウリピデスは、ある女性とその成人した息子ふたり、未婚の娘ひとりがキノコ料理を食べたせいで死んだという話を聞いた。これ話に心を痛めた彼は、4人を追悼する警句を書いたという。[37]

キノコはまだ目に見えるが、人間には見えない非情な運命の手が襲いかかってきたとなると、事態はさらに深刻だ。古代、胴枯れ病やさび病は天罰だと考えられていた。古代イスラエルの預言者アモスは全能の神のお告げとしてこう警告した。「わたしはお前たちを黒穂《くろほ》病と赤さび病で撃ち（中略）枯らせた」〔新共同訳旧約聖書「アモス書」第4章第9節〕。研究者のG・L・ケアフットとE・R・スプロットは、さび病を「創世記」第41章第7節にある、ファラオが夢のなかで見た「七つの穂」と関連させて考えた。そのイメージは、レヴァント地方南部で穀物の胴枯れ病が発生するという予言であり、この胴枯れ病によってユダヤ人はエジプト行きを余儀なくされ、結局、ファラオの奴隷となってしまったのだという。[39]

古代ローマ人も、作物がさび病にやられると、見えない力が働いたのだと考えた。紀元前7世紀頃に毎年春に行われていた祝祭は、さび病をもたらす神、ロービーグスをなだめるためのものだった。この祝祭では、行列がローマのフラミニア門から出てミルウィウス橋を渡り、クラウディア街道の第5のマイルストーンまで進む。到着すると行列は聖なる森に入り、赤い犬と羊を犠牲として供え、祈りをささげたという。[40] こうすればロービーグスが作物に危害を加えずにいてくれる、と古代ローマ人は思っていた。

ただし、ロービーグスが勘弁してくれたとしても、古代ローマ人が恐れていた菌類はこれだけではなかった。たとえば麦角菌《ばっかくきん》は、20世紀になるまで地域社会を脅かし続けた菌類のひとつである。麦角菌に感染すると、たとえばライ麦の穂の一部に牛の角のような黒い塊（麦角）ができるが、その麦角にはエルゴリン・アルカロイドという複合有機化合物が大量に含まれている。この麦を食べると、この有機化合物が平滑筋組織や神経系を破壊し始め、手足が焼けるようにひりついたり、幻

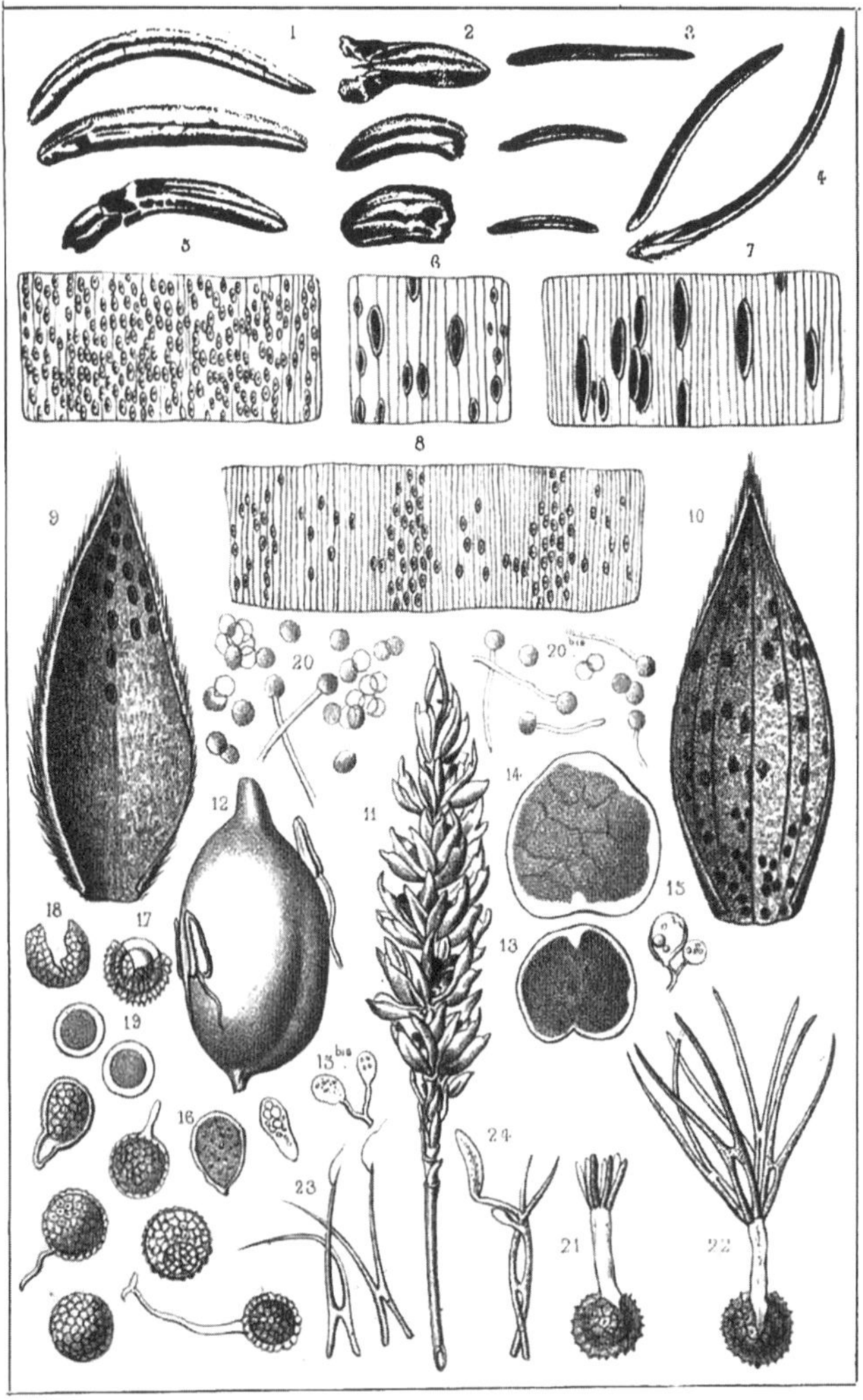


麦角菌による黒穂病にかかっていると疑われる各種穀物を描いた図。感染した穀物を食べると、多くの恐ろしい症状に見舞われた。とりわけ深刻な症状は、手足の皮膚がはがれるというものだった。ライ麦に代わって黒穂病に強い小麦が主要穀物になると、麦角中毒の発生は減少した。

覚や痙攣《けいれん》が起きたりといったさまざまな症状を引き起こす。[41] 麦角中毒についての最古の記録は、857年にライン川下流のカンテンという村での被害に関するものだ。記録によると、村人たちは腫れあがった疱疹《ほうそう》に苦しみ、手足が壊死《えし》してもげてしまった人もいたという。それから約100年後にも、パリで麦角中毒が発生し、その犠牲者は手足が焼けるような感覚を訴えたという記録がある。実際、中世には麦角中毒が何度も発生している。

ある時期から、麦角中毒は聖アントニウスと結びつけて考えられるようになり、中毒になった人々は治癒を求めて、ヨーロッパ各地にある聖アントニウスの聖遺物箱へ巡礼の旅に出るようになった。聖アントニウス修道会の修道院では、麦角中毒の象徴として壁が赤く塗られていた。「聖アントニウスの火」とも呼ばれていた麦角中毒は、歴史に影響を与えることさえあった。1722年、サファヴィー朝ペルシャはロシアのピョートル大帝の軍を破ったが、それはロシア軍に配給されたパンが麦角菌に侵されていたために騎兵が病気になったためだとも言われている。騎兵たちは痙攣に苦しみ、手足が凍傷にかかったかのように壊死して剝がれ落ちたという。[42]

ライ麦に代わって、比較的麦角菌に感染しにくい小麦が主要穀物になり始め、麦角とその影響に対する知識が深まってくると、麦角中毒の発生は減少していった。そして、実は麦角にも使い道があることもわかってきた（すでに中世には、産婆が妊婦に少量の麦角を与え、子宮の収縮を促して分娩を促進する例もあった）。現在、麦角は片頭痛の緩和に使われている。[43]

細菌と同じく、菌類にも二面性があった。完全な悪でもなければ完全な善でもない――この性質を理解することこそが、菌類の研究の核心であるとしだいに認識されていった。1601年、フランスの植物学者カロルス・クルシウスは史上初めて菌類を分類し、食用になる菌類と有毒な菌類の2種類に分けて考えた。彼の分類は、菌類と病気の関係を探ろうとする先駆的な試みだった。やがてこの目的は果たされることになるが、それでも当時は情報伝達に時間がかかったうえ、伝達手段が確実ではないことが多かったので、目的を果たすまでの歩みにも時間がかかり、着実に前進できるとは限らなかった。多くの人は正しく理解できず、菌類は病気の原因ではなく病気の結果だと考えていた（こうした考え方は18世紀の末期まで主流だった）。胴枯れ病の原因も、落下した隕石のせいだとか、動物や害虫のせいだと見なす考え方が残っていた。間違った考え方がいつまでも消えなかったのは、原因が目に見えないものだったからだ。多くの問題を引き起こしている目に見えない有機体を理解し始めるようになったのは、オランダ商人のアントーニ・ファン・レーウェンフックが手作りの顕微鏡で酵母の出芽を初めて観察してからのことである。

そしてロバート・フック――科学者であり建築家であり、王立協会の評議員と実験主任を務め、グレシャム大学の幾何学教授、シティ・オブ・ロンドンの測量官でもあった――が、微小菌類の世界を描いた。これは彼がみずから設計し組み立てた複合顕微鏡で観察した世界だった。「動物でも植物でも、多種多様な『腐敗した』物体には、青と白と数種の毛が生えたカビの斑点が見える」と彼は1665年の著書『顕微鏡図譜』でカビについて書いている。

それらはすべて、さまざまな形態をした小さなキノコの数種にほかならない。それらは、それら腐敗中の物体の好都合な物質に刺激されて（中略）ある種の植物的繁茂にいたる。[44]

フックの描いたケカビ（学名 *Mucor*）の図。彼の著書『顕微鏡図譜』（1665年）に掲載されたもの。フックの先駆的研究によって、それまでは目に見えなかった生物の世界が見えるようになったが、微小菌類の生殖については、フックもぼんやりと推測するしかなかった。

『ピープスの日記』で有名なイギリス人サミュエル・ピープスは、非常に説得力があるフックの描写に感動し、『顕微鏡図譜』のことを「生まれてこのかた読んだなかで最高に独創的な本」だと称賛し、明け方まで読みふけったと書いている。[45]フックの本には、初めてスケッチされた微小菌類の図が掲載されていた。たとえばケカビ（学名 *Mucor*）や、バラ類のさび病の病原菌であるフラグミディウム・ムクロナータム（学名 *Phragmidium mucronatum*）の優美なイラストなどだ。またフックは、キノコの内部構造を初めて記述した人物でもあった。しかし、キノコがどこから発生したのかについては、フックにも謎のままだった。どのようにして「キノコが種子から生じる」のかはわからない、と彼は書いている。「キノコが生えてくる物体の好都合な体質、自然の熱か人工的な熱のいずれかの同時発生によるものであるように思われる[46]」。

それから170年後、アゴスティーノ・バッシーというイタリアの官僚によって、菌類の生殖の仕組みだけでなく、菌類が増殖するときに宿主《しゅくしゅ》［菌類や寄生虫等が寄生、又は共生する相手の生物］を枯らしてしまう仕組みについても、解明に一歩近づくことになった。1773年にイタリアのロンバルディア地方で生まれたバッシーは、ナポレオン統治下の時代に官僚になった。だが、本人としては快適なオフィスに居続けたいと思っていたかもしれないが、病弱で視力も弱かったため役所勤めを続けられなくなり、マイラーゴにある父親の農場で暮らし始めた。その後は、父親の農場で農業と科学に没頭し、牧羊に関する460ページに及ぶ本を書くなどして過ごした。

また彼は、少年時代からカイコの硬化病《こうかびょう》［昆虫の体が硬化して死ぬ病気の総称。ここで話題になっているカイコの硬化病は正しくは「白《はっ》きょう病」］に興味を持っていた。当時この病気は、イタリアとフランスのシルク産業を揺るがしていた。彼はこの病気を生涯にわたって研究した。カイコについての奇妙で時に奇怪な実験を行い、「カイコを野蛮極まりない方法で扱った」結果、「この哀れな生き物が何千匹も、無数の死に方で死なせた」と彼は書いている。こうした実験のひとつに、カイコを紙袋に入れ、それを火が燃えている暖炉の煙突につるしておく、というものもあった。そうして乾いたカイコの死骸を地下室で保存した。カイコは硬化病で死んだように見えるが、「接触感染の能力」はなかった。この失敗に繊細なバッシーは「いたく恥じて黙りこみ、何も手につかなくなって」「ひどい憂鬱に押しつぶされた」という。[47]

とはいえ、無気力に見舞われたのもつかの間、バッシーは決意も新たに、斬新なアイデアを思いつき、実験を再開した。それは議論の的になりそうなアイデアだった。当時、硬化病は自然になるものだと思われていたが、そうではなく、「外部のばい菌」がもたらすのではないかと考えたのだ。バッシーは、硬化病にかかったカイコを覆っている白い粉のように見えるものをもう一度よく観察した。これが犯人だ、と思った。そしてフックの複合顕微鏡と同じ設計の複合顕微鏡でカイコの皮膚を調べたところ、「隠花《いんか》植物［花をつけずに胞子で繁殖する植物］のようなもの、寄生する菌」が見えた。バッシーは複数の実験をして、自分の説が正しいことを確信した。この硬化病はカイコの死骸の表面に菌が広がり、カイコからカイコへと伝染して広がる。だから発生するたびに「感染したカイコの移入時期や、汚染したカゴや用具の使用状況までさかのぼれば追跡は可能だ」。[48]

1834年、バッシーはパヴィーア大学の医学と哲学の教授9名からなる委員会の前で、この発見を実験によって再現した。数名は慎重な姿勢を示したものの、委員会としては実験結果に説得力があると考えた。その後もバッシーは、クワとブドウとジャガイモの病気について研究を行っている。[49]同じ頃イギリスでは、動物学者のリチャード・オーウェンがロンドン動物園で死んだフラミンゴを解剖していた。そのフラミンゴは肺がカビに覆われていた。オーウェンは、体内に寄生した菌がフラミンゴの死因だと結論づけた。パリでも、ダヴィド・グルビー――大デュマと小デュマの父子、リスト、ショパン、ジョルジュ・サンドらの主治医だった――が白癬《はくせん》や鵞口瘡《がこうそう》などの人間の病気が菌類に関係することを突き止めた。[50]当時はこのような実験がヨーロッパ各地で行われており、どの実験もひとつの必然的な見解――植物でも動物でも人間でも、菌類が病気の原因になることがある――に達していた。

こうしてついに、微生物はさまざまな形態で生じ、時に人間に危害を加えるということが科学的に立証された。しかし、こうした微生物がどのように生じ、どのように害をなすのかという点については、まだよくわかっていなかった。研究が一気に深まらなかったのは、ひとつには菌類の研究をする人の数が限られており、しかも特定の国に集中しているという事情があったようだ。19世紀の初めまで、菌類に関する出版物のほぼすべてはヨーロッパで出版されたものであり、特にフランスとドイツが数としては圧倒的だった。[51] 英語圏でも菌類学が学問の専門分野のひとつとして認められるようになったのは、20世紀以降のことである（ちなみに、天文学と同様に、菌類学もアマチュアの貢献をつねに歓迎している。それどころか、菌類学の進歩は、菌類の学会の設立が貢献したのと同じように、アマチュアの貢献に多く頼ってきた）。このように近年になってから菌類学が発展したことが、菌類の同定が菌そのものの数に比べてまだまだ少なく、人間の健康や食生活に役立つ研究がさらに少ないことの理由だと言えるのかもしれない。菌類の世界は広大であり、今もその大部分は未知のままだ。

そう、広大で未知な部分が多いが、菌類の世界は人間にとって必要不可欠な世界でもある。もし菌類の助けがなければ、人間の暮らしは実に貧しいものになってしまう。だが、本章でたどった菌類発見の歩みから教訓をひとつあげるとすれば、菌類を甘く見てはならないということだ。科学や医学の書物には、菌類の危険な二面性やその影響の例があふれている。たとえば、多くのカビはアオカビ属（学名 *Penicillium*）に属しているが、同じ属ではあっても実に多様である。おいしいチーズを作る働きがあるアオカビもあれば、肝臓や腎臓や脳に損傷を与えるアオカビもある。

人体に悪い菌類を摂取してしまうのはもちろん危険だが、逆に良い菌類であっても過剰に摂取するのは同じように危ない。たとえば酵母のカンジダ・ケフィール（学名 *Candida kefyr*）は、この頃人気の酸っぱい発泡性乳飲料を作ってくれるが、これもそれなりに危険なものになる。ある妊娠中の女性が1日に3回ケフィアを飲み、ヨーグルトと生のチーズを食べるなどしてこの酵母を摂取しすぎたところ、双子の胎児が菌類の急性感染症にかかってしまった。[52] また、オーストラリアでビールを熱心に自家醸造していた人が重病にかかったという例もある。テンペ作りに不可欠なクモノスカビの一種、リゾプス・オリゼ（学名 *Rhizopus oryzae*）が醸造中のビールに混入し、それが小腸にまで入りこんでしまったためだった。[53] こうした事件はめったに起こらないとはいえ、ともかくも起こりうるということは、慎重に注意深く菌類を扱うべきだとする十分な理由となるはずだ（この忠告は特に免疫不全の人に当てはまる）。

では、ここまで長々と注意を述べたところで、続いては、発酵食品の製造に不可欠なもうひとつの微生物、細菌について見ていこう。

# 第5章　日常生活の奇跡

## 発酵野菜の起源と力と富

巡回裁判所の判事も、公平を期して言えば、まったくの無作法な田舎者だとはとうてい言えないものの、その判事としての務めの合間に（いにしえのキンキンナトゥスのように）その堆肥の豊かさを満喫しており、法学の微妙な考察にふけっているわけではない。そして、司法権をわきへ置いているときには、代わりにキャベツのスライサーをふるうことが多い。冬に備えてザワークラウトを作り置きせねばならないからだ。

——ヘンリー・メイヒュー著『現在のザクセンにおけるドイツ人の生活と作法[1] *German Life and Manners as Seen in Saxony at the Present Day*』（１８６４年）

新石器時代に農業が始まってから20世紀初頭まで、人間の食事を土台として支えてきたその中心は、パンとアルコール飲料だったと言ってよい。パンはまさに命の糧であり、アルコールは、それを一杯やるまでがどれほど大変かを忘れるためのものだった。

だがもちろん、人間はパンとビールだけで生きてきたわけではない。時には、普段の味もそっけもない食事にもっと栄養のある食べ物——野菜、乳製品、たまには肉——を添えて飾り立てた。ただしこうした腐りやすい食品は、食卓にのせるまで注意深く保存しておかなければならない。そのために都合がよい方法が、発酵だった。不確実な未来への備えとして、発酵食品は餓えへの不安をやわらげてくれた。ほぼすべての食文化がこの課題の解決策を見つけようとし、数え切れないほど多種多様な発酵食品を独自に作ってきた。そして文明の発達とともに、発酵食品の重要性は増していった。それこそ村ごとに異なるものだった発酵食品が、大陸を横断したり、外洋を航海したりするためのエネルギー源にまでなっていった。大昔は遠くまで運べる食物はせいぜい穀物や酒ぐらいだったが、発酵させることで食品は遠方へ届けることも可能になった。発酵食品は、まさに人間の創意工夫であり、数世紀におよぶ観察から生まれた知恵のあかしとなった。その理由を説明することこそできなかったが、人々は発酵食品が健康をもたらし、病気を遠ざけることを知っていた。発酵食品は、日常生活のなかの奇跡のひとつだったのだ。

1768年、イギリス海軍の艦長で探検家のジェームズ・クックは、配下の乗組員全員に対し、週に約900グラムのザワークラウトを食べるようにと命じた。この命令を乗組員たちはよろこんで受け入れたわけではない。ザワークラウトはオランダ人の食べ物であり、イギリスではめったに食卓に上らなかったからだ。だが上官たちがおいしそうにザワークラウトを食べているのを見た乗

ジェームズ・ギルレイ『ザワークラウトを食べるドイツ人 *Germans Eating Sour-Krout*』1803年、エッチング。中央ヨーロッパとネーデルラントの人々が発酵させたキャベツを好んでいたことは、イギリス人には奇妙に映ったようだが、すぐにイギリス人もザワークラウトの栄養価を高く評価するようになった。

組員はこの命令に従うことにし、まずいだろうと決めつけていた皿にしぶしぶ手を伸ばした。やがて、ザワークラウトを「世界一おいしいもの」とまで思うまでになった。[2]

クックは乗組員に異国の食べ物を押しつけたかったのではない。ちゃんとした理由があった。約900グラムのザワークラウト――酢、マスタード、濃縮したオレンジとレモンの果汁が加えられた、発酵したキャベツ――には約150ミリグラムのアスコルビン酸（ビタミンC）が含まれており、これを食べていれば、壊血病という大昔から船員を悩ませてきた病気にかからずにすんだ。1519年、ポルトガルの探検家フェルディナンド・マゼランは、3隻の船と200人の乗組員を率いて出航したが、3年後、世界一周を果たして帰国したときには1隻の船と18人の乗組員しか残っていなかった。姿を消した乗組員の大半が、壊血病で死んでいたのである。

壊血病は、貧弱な食事による栄養不足がもたらす症状としては最も深刻なものと言えるかもしれない。マゼランの乗組員たちはビスケットのかけらと腐った水で命をつなぐという経験をしたが、それが後の世代の船乗りの教訓になることはほとんどなかったようだ。塩漬けにした牛肉と豚肉と魚、ビール、ラム酒、小麦粉、乾燥した豆とオート麦、チーズ、バター、糖蜜、ハードタック（堅パン）——マゼランの時代を経て18世紀になっても、長旅に出る18世紀のイギリスの船にはこうした食品が積みこまれていた。それどころか、これらは当時の西洋世界の船員の標準的な食べ物だった。オランダの船にはラードとザワークラウトが、スペインの船には植物油とピクルスが多く積まれるという程度の差はあったかもしれないが、基本的には同じようなものだった。デンプンとタンパク質、そしてビタミンCがほんの少しだけ。[3] つまり、すぐ腐るものばかりだった。ハードタックと肉類にはカビが生え、ウジがわいた。チーズは悪臭を放ち、ボタンの代わりにできるほど硬くなった。ビールと水は酸っぱくなった。なんとか食べられる状態にしていたとしても、その栄養はほぼ完全に破壊されていた。

こんなものを食べていたのだから、ほんの数週間で体に異変が出た。歯ぐきは腫れて真っ赤になり、口臭がひどくなる。体力も気力もなくなったはずだ。身体中に黒い発疹ができ、手足が壊死し始める。すべて壊血病の症状だ。「歯ぐき全体が腐り、黒くて臭い血が出てきた」と、あるイギリスの船医は自分の体を観察しながら書いている。

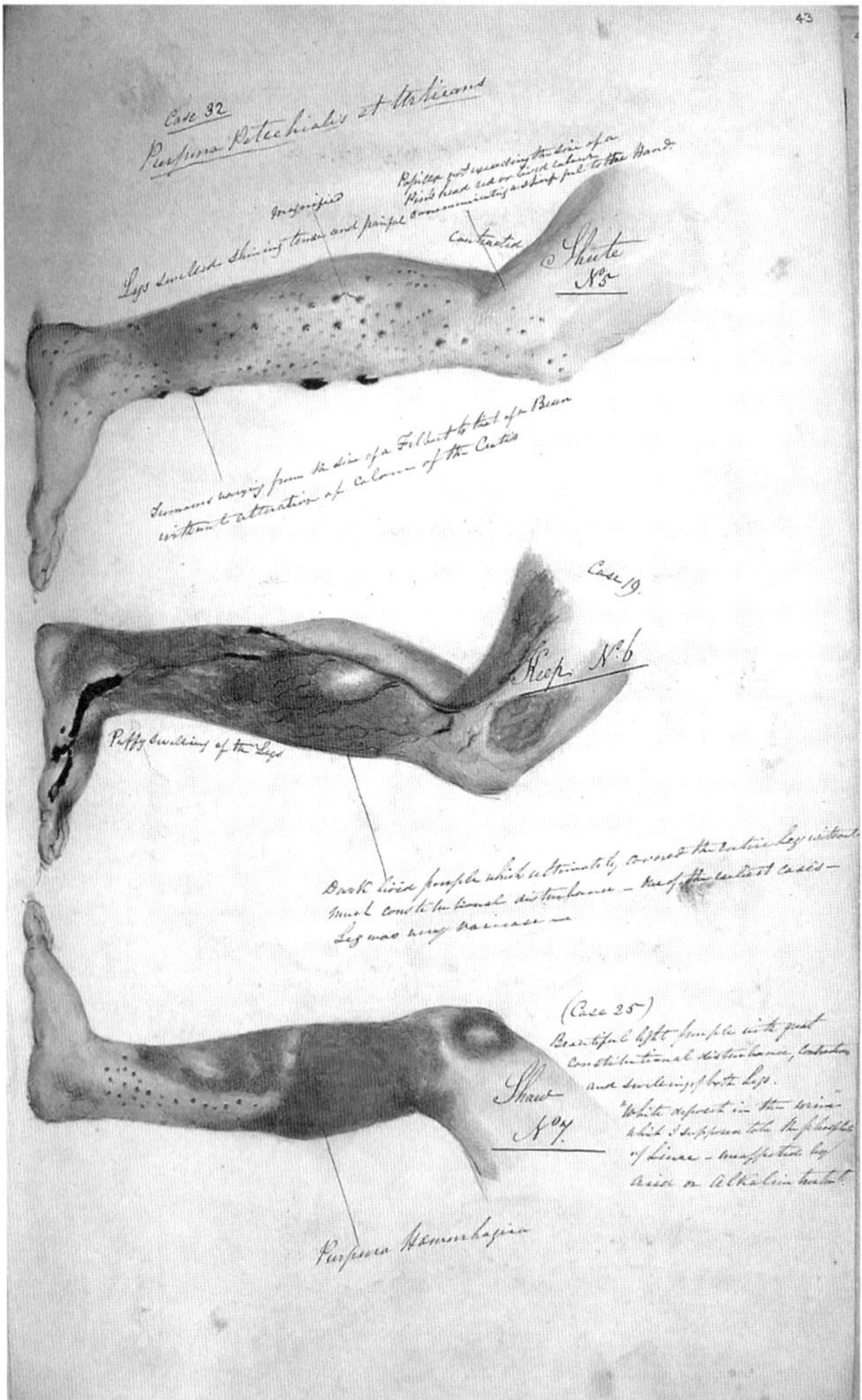


ヘンリー・ウォルシュ・マーンが日記に描いた壊血病の症状。1840年頃。壊血病はビタミンCの欠乏によって起きる病気で、この病気についての理解が進み始めるまでイギリスの船乗りたちを悩ませていた。わかったことのひとつが、ザワークラウトに壊血病を予防する力があるということだった。ザワークラウトはイギリス人にはなじみのない食べ物だったが、ザワークラウトに含まれる程度の量のビタミンCでも、発症を防ぐには十分だった。

太腿と下肢が黒ずんで壊疽《えそ》に陥ったので、毎日ナイフで皮膚を裂き、この腐った黒い血を放出せねばならなくなった。歯ぐきにもナイフをあてたが、それはすでに土色をしていて、歯が見えなくなるくらい腫れていた。[4]

だがビタミンCに壊血病を防ぐ力があることが発見されると、この不運な船医が書いているような荒療治はやがて不要になった。実際にはザワークラウトはビタミンCを特に多く含む食品ではなかったが、壊血病の症状を出さないようにする程度の効果は十分あり、ほかの食品も一緒に取ればさらに効果的だった。クックがザワークラウトを推奨したのは、もうひとつ理由があった。長旅に備えて積みこむ食料のなかでは、ザワークラウトはたいてい最も腐りにくいものだったのだ。その調理法、乳酸発酵のおかげで保存性が高かった。この強烈な風味の、人体に良い影響をもたらしてくれる微生物を多く含む食品を毎日食べたおかげで、クック配下の乗組員ははるか遠くの陸地を探検する――そして悲しいことに、搾取する――ことができるだけの健康な体を維持することができた。

クックがザワークラウトを支給したことは、貿易――あるいは略奪――を求めての航海であれ、戦争や帝国主義のためであれ、人間の活動の範囲と規模を拡大するのに、発酵させた果実と野菜が小さくとも重要な役割を果たしたことを典型的に示していた。だが実は、長い歴史を見るとこれには前例がある。たとえば中国の万里の長城を建設した人々は、乳酸菌で発酵させた野菜を食べることで建設作業に耐えられる強健な体を保っていた。古代ローマの戦士たちも征服した土地で野菜を育て、収穫した野菜の大半を酢漬けにしていたらしい。ビタミンCが生命維持に不可欠な栄養素だ

ハンガリー人化学者セント＝ジェルジ・アルベルト。人間の代謝と栄養におけるビタミンＣの役割を発見した。キャベツを発酵させたザワークラウトは、昔から食品の貯蔵方法のひとつだった。また、生のままのキャベツよりも、アスコルビン酸を吸収・利用しやすくなることもわかっている。

ということがわかったのは1930年代、ハンガリーの化学者セント＝ジェルジ・アルベルトがアスコルビン酸を発見し、アスコルビン酸が人間の代謝で果たす役割を解明した後のことだったが、野菜や果物を発酵させた食べ物は昔から食糧不足への備えとして重視されてきた。また、主要な食物によく見られることだが、発酵させた野菜や果物は神と結びつけて考えられていた。たとえばキリスト教化以前のリトアニア人は、ログスジスというピクルスとビールをつかさどる神を崇敬していた。[5]

もちろん、神が発酵食品を作るわけではない。腐りにくいという奇跡のような力が発酵食品にあるのは、微小な生物が働いているおかげだ。オークリーフレタスからキュウリにいたるまで、植物には乳酸菌が寄生しており、その乳酸菌は、塩水に浸され、酢漬け液に浸されるか、あるいは何か別の方法で発酵するまで寝かせられると、増殖して宿主の植物を酸性化する（たとえばヨーグルトは、ペッパーの茎をミルクに浸すことによって作ることもできる）。乳酸菌とは、ペプチドグリカンというポリマーの厚い多層構造を持つグラム陽性の通性嫌《つうせいけん》気性《きせい》生物（酸素がなくても生きられる）であり、芽胞《がほう》を形成せず、運動能力もなく、酸耐性で、たいていは棒状の桿菌《かんきん》だ（球形の球菌の場合もある）。

乳酸菌が生成する乳酸には、そのほかの乳酸菌よりも危険なおそれがある細菌の増殖を抑制する働きがある。[6] また乳酸菌は無機質と炭水化物が豊富な場所を好むので、ワイン、ビール、野菜の発酵食品、発酵乳のなかに存在する。一方で乳酸菌にはさまざまな代謝能力があることから、どのような場所や条件下でもほぼ生育することができ、極めて低温の場所で長期間保存しても死滅しないという性質がある。乳酸菌は植物や人間や動物の身体で生息することも可能だ。このすばらしい耐久力を持つ乳酸菌こそ、乳酸菌が食品を見事に発酵させる理由だ。[7]

微生物が発酵食品を作る方法は、その微生物が同種発酵性（ホモ型）か異種発酵性（ヘテロ型）かによって異なる。この呼称は性的方向性とはまったく関係がなく、微生物が炭水化物を発酵させたときの副産物を示す。ホモ型の細菌はグルコース（ブドウ糖）を食べ、その主な副産物として乳酸を生成する。こうした細菌はヨーグルトやチーズを作るときの乳製品のスターターで使われることが多い。[8] 一方、ヘテロ型の細菌はグルコースを食べ、乳酸、エタノール（エチルアルコール）、酢酸、二酸化炭素を生成する。ヘテロ型の細菌がどのような副産物を生成するかは予測できない。このため、発酵が管理されているような多くの食品ではヘテロ型の細菌は見られない。そうした細菌は、チーズに割れ目を作ったり、ヨーグルトのパッケージをガスで膨らませたりする。そのほかの物質、たとえばクエン酸塩、グルコン酸塩、ある種のアミノ酸からも、乳酸菌はガスを生成することがある。適切に管理すればこれらはバターミルクやサワークリームや発酵バターに風味など好ましい特質を与えるが、管理できないと発酵を台無しにしてしまう可能性がある。[9]

理想的な条件下なら、乳酸発酵は台本の出来が良い演劇に似ている。1種類の細菌だけが舞台を支配してしまうことはない。発酵が進むにつれ、キャストの細菌全員がそれぞれの配役を演じ、独特の風味や香りを与え、全体として心地よい複雑な味わいを作り出す。クックが好んだザワークラウトで考えてみよう。第一幕はキャベツが樽にぎっしりと詰めこまれるところから始まる。次に好気性細菌にスポットライトが当たり、やがてキャベツと水に含まれるそのほかの微生物たちという腸役陣が活躍する。キャストが一団となって発酵をし、乳酸、酢酸、ギ酸、コハク酸を生成し、その液体を泡立たせる。舞台は白熱していき、その一方で水素イオン濃度（pH）は減少する。

第二幕、ヘテロ型乳酸菌が登場し、乳酸の濃度を1パーセントまで高める。酸素がなく、塩が大量にあり、ペーハーが低いため、ホモ型乳酸菌が舞台に上がってくる。すると乳酸濃度は1・5から2・0パーセントにまで上昇する。そしてついに――これは、デリカテッセンに置いてあるような樽で熟成したザワークラウトにだけ起こることだが――ラクトバシラス・ブレビス（学名 *Lactobacillus brevis*）という乳酸菌が最後の幕に登場し、細胞壁の分解によって生じたペントース（炭素原子5個を持つ単糖類）を食べるヘテロ型の細菌も舞台に出てくる。乳酸の濃度が2・5パーセントにまで上昇すると、複雑な味わいが生まれるザワークラウトの物語の幕は下りてゆく。[10]

酸性化した培地は、食物由来の病原性細菌などの人体に望ましくない微生物にとっては住みにくい環境だ。そして乳酸菌も、培地が酸性になりすぎると、もはや増殖はできなくなるい。発酵の最終段階では、乳酸菌などの酸耐性細菌が溶液の大半を占め、これが発酵した野菜の保存性を保つのである。[11]

野菜を発酵させるプロセスは単純で、あまり変わりがないが、それとは裏腹に、発酵野菜には多くの種類がある。あらゆる発酵と同じく、この発酵も、微生物、環境、発酵させる材料などのさまざまな条件に左右される。そのため、出来上がった発酵野菜は、それが作られた場所の特徴を反映する。だからある地域で生まれたレシピは、別の地域では多少アレンジされることがある。たとえばザワークラウトは、キャプテン・クックの船団に積みこまれたときから、もうオランダ独特の食べ物ではなくなったと言える（実際、ザワークラウトを考え出したのはオランダ人ではなく、中国北部のモンゴル人だったらしい）。ザワークラウトを食べるようになったイギリス人は、自分たちの好みに合わせてリンゴやナシ、ディルやオークリーフレタスや桜の葉を加えたりするようになった。ドイツ人はキャラウェイシードをたっぷり加えたザワークラウトを好み、ポーランド人は、タタール人からレシピを受け継いだという伝承にのっとって、野生のキノコを入れた。

だが発酵食品、特にその製法には共通点もある。時間的にも空間的にもかけ離れている場所なのに、ザワークラウトの製法に驚くほどそっくりな作り方をする食べ物がある。そうした共通点の一例が、「穴で発酵させる」という製法だ。クックの時代は、塩漬けしたキャベツを樽に入れるか、または内側を「木材で覆った穴」に入れて発酵させていた。このような大規模なザワークラウト製造方法は、現在のヨーロッパではまれだが、穴を利用する発酵は南太平洋地域では今もよく行われている[12]。

まず穴を掘り、そこにバナナの葉を敷き詰めて穴の内側を覆い、土壌由来の汚染を防ぐ。次に、デンプンの多い果物や野菜をきれいに洗って乾かし、穴に入れていく――バナナ、プランテン、キャッサバ、パンノキ、タロイモ、サツマイモ、アロールート、ヤムイモなどだ。入れ終えたら穴を完全に覆うようにさらにバナナの葉をかぶせ、その上に石を載せる。3週間から6週間寝かせて発酵させ、穴から取り出して細かく裂き、日干しして乾燥させる（伝えられるところでは、穴から取り出したばかりのものはプロピオン酸が生成されているために強烈な刺激臭がするという。プロピオン酸はスイスチーズの独特の香りの元でもある）。その後いくつかの工程を経てようやく、こ

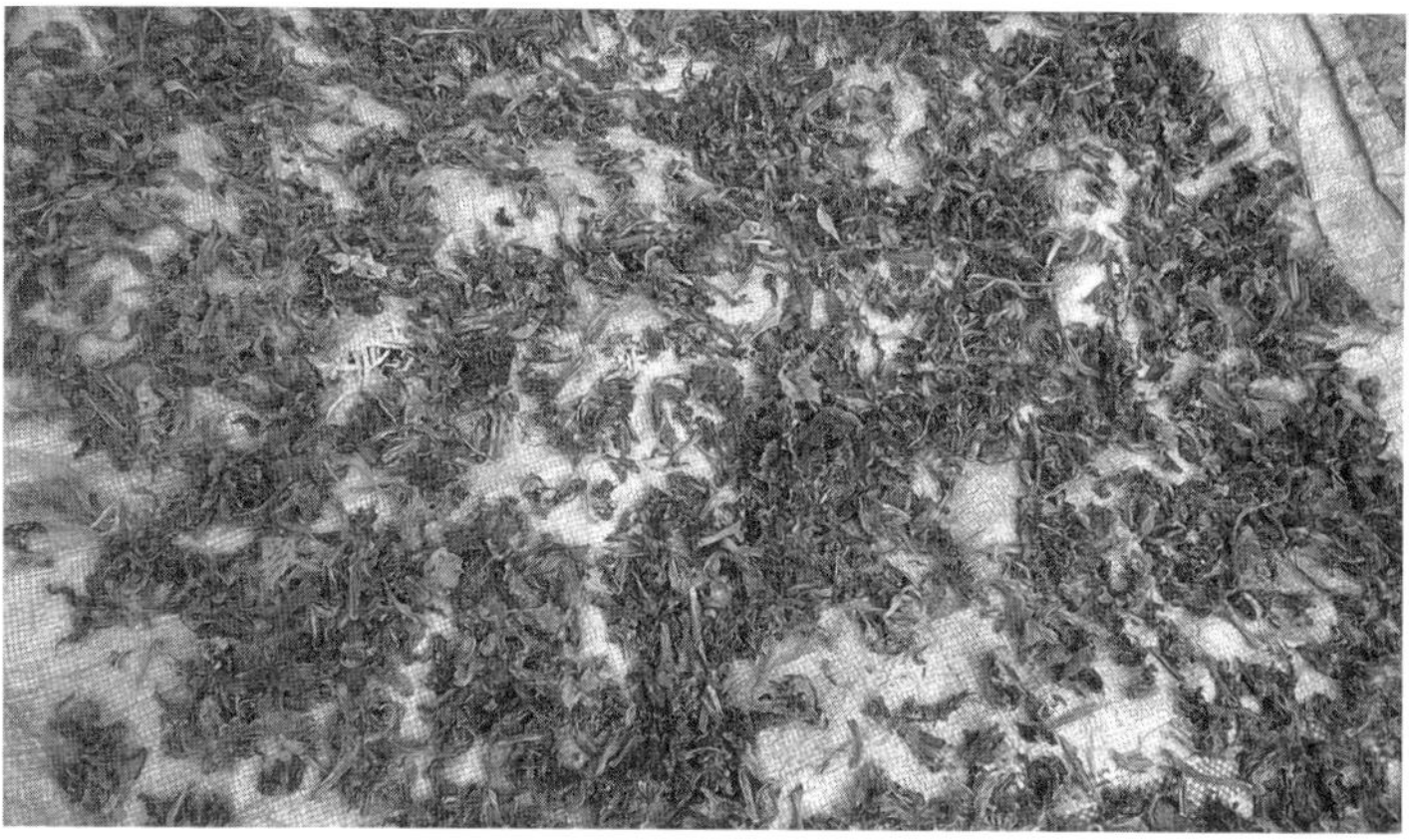

カリフラワーの葉で作ったグンドゥルック。穴で発酵させることで独特の強い風味を青菜に与える。その風味、持ち運びしやすさ、長期間貯蔵できることから、ネパール人の食事には欠かせない食品となっている。

の発酵食品は長期保存に適したものと見なされるようになる[13]。

「穴で発酵させる」という製法が今も現役なのは南太平洋の離島だけではない。アジアの最高峰でも生き残っている。ヒマラヤ山脈に住む人々は、青菜を発酵させた「グンドゥルック」という発酵食品を穴で作る。その起源にはついてはこんな伝説が残っている。古代のネパールでは、農民は戦禍から逃れるためにたびたび村を離れねばならなかった。すると、村に残してきたコメや青菜といった作物は、そのまま田畑で腐るか、侵入者に奪われるかしかなかった。あるときのこと、ある支配者――名前はわからない――が解決策を思いつき、収穫した野菜を侵入者の目に入らないように貯蔵しておく場所をなんとかして作るようにと、農民たちに命じた。農民たちは支配者の計画を実行に移した。穴を掘り、そこに収穫したコメとラディッシュを詰めてから干し草と泥で穴を覆ったのだ。戦争の脅威が遠のくと、あるいは略奪者がどこかへ去っていくと、農民たちは村へ戻って穴から中身を取り出した。コメは臭くなっていたが、野菜は酸味のあるおいしい味がするようになっていた。その野菜を数日間天日干しするとさらにおいしくなった（特にピクルスやスープに加えるとすばらしい味になった）。しかも腐らなくなったので、貯蔵したり持ち運んだりにも都合が良く、旅に出るときやヒマラヤの長い雨期をしのぐにはぴったりだった。こうしてグンドゥルックはネパール人の食事には欠かせない食品となったという。[14]

世界には、地面の穴を必要としない発酵の方法を見つけた文化もある。一例が、古代から伝わり今も行われている、壺で発酵させる製法だ。朝鮮半島で広く食べられている、乳酸発酵させた野菜の漬物キムチは数百年前からこうした方法で作られてきた。7世紀後半以降の新羅《しらぎ》の記録には、俗《ぞく》離山《りさん》近くの法住寺《ほうじゅうじ》で使われていた野菜を発酵させるのに必要な道具のひとつとして、石造りの漬物用の壺が挙げられている。[15] また高麗《こうらい》王朝期（918～1392年）中頃には、初めて明らかにキムチに言及した史料がある。「夏は味噌で漬けたキムチがおいしい。冬の副菜は塩水で漬けたキムチがよい」[16]と当時の詩人は書いている［キムチといえば、白菜などの野菜を塩やトウガラシなどで漬け込んだものという印象が強いが、トウガラシを使うようになったのは18世紀以降であり、初期のキムチは材料、作り方、味などが現在のキムチと異なっていた］。また、ショウガ、陳皮《ちんぴ》、ウリ、ナシを加える場合もあった。

先の詩人によれば、季節はどのようなキムチが最もおいしく感じるかを左右するだけではない。季節はキムチの製法と保存法にも影響する。初期のキムチの伝統的な作り方ではキムチ作りのシー

キムチの伝統的な製法を再現した博物館のミニチュア展示。朝鮮料理を代表する食品であるキムチは、多くの種類を持つまでに進化した。キムチは貯蔵が容易な発酵食品で、食べ物が乏しい時期に対する備えだったが、味もすばらしいことから、最高の美食家にも好まれた。

ズンは夏場とされていたが、その季節はキムチは数日間しか持たない。そこで少しでも長く保存するため、キムチを井戸のなかにつり下げたり、キムチが入っている石造りの壺を地中に埋めたりした。こうすれば暑い日が続いても腐らず、新鮮な葉物が手に入らない冬が終わるまで保存することができた。ただし、キムチは食べ物が乏しいときの食料というだけの存在ではなかった。発酵によって生まれた風味を人々は大いに好み、今でも韓国人はほぼ毎食キムチを食べる。

　西洋でキムチに相当するものはオリーブだ。キムチ同様、壺で発酵させるということも古代から行われてきた。オリーブ栽培は小アジアで紀元前1万2000年代に始まり、やがてシリア、ギリシャ、アフリカの一部（エジプト、ヌビア、エチオピア、アトラス山脈）、ヨーロッパの一部に広まっていった。古代ローマ人も積極的にオリーブを栽培し、大好きなブドウの木と同様に、気候と条件が合えばどこにでも植えた。[17] 紀元1世紀の農学者で著述家のコルメラは、ほとんど世話をしなくても多くの実をつけるオリーブは「あらゆる樹木の女王」だと称えている。

　コルメラは間違ってはいなかった。大量の実がつくオリーブは理想的な交易品になったのである。実際、古代ローマ時代の沈没船から、オリーブの種が詰めこまれた陶器の壺が発見されたこともある。だが、オリーブには少々厄介な点もあった。オリーブの実は発酵させないと、とても食べられたものではなかった。

　オリーブの実の独特の苦味はオレウロペインという化合物が原因であり、これは発酵させることでかなり取り除くことができる。まず、完熟のオリーブをきれいに洗い、5パーセントから7・5パーセントの塩水に漬ける（熟していないオリーブを発酵させることはめったになかった。熟して

オリーブの葉と花と枝を描いた絵。19世紀のドイツの教科書。オリーブの実は発酵させないと苦くて食べられないが、そうした手間をかけるだけの価値がある。オリーブは風味豊かなだけでなく用途が多く、栽培も簡単だ。

いない実の苦味を取るにはアルカリ液を使うしかなかったが、アルカリ液は19世紀になるまでは手に入りにくいものだったからだ）。やがてこの塩水に、酵母をはじめとする多くの微生物がコロニーを作る。オリーブから水分が出て塩分が薄まったら、追加の塩を加える。この塩分と低酸素状態が、オリーブの糖分を求めて乳酸菌と競い合う微生物の増殖を抑える。細菌の糖代謝によって塩水のpHが下がるため、乳酸菌以外の不要な微生物にとっては不利な環境になるわけだ。またこのとき、生のオリーブに含まれているオレウロペインも有害な微生物の増殖を抑えるのに役立つ（ギリシャ、トルコ、北アフリカ産のオリーブの塩漬けはほろ苦くフルーティーな風味が特徴だが、これは分解せずに残っているオレウロペインのせいだ）[18]。発酵が進むと、やがてプランタルム菌（学名 *Lactobacillus plantarum*）とラクトバチルス・デルブリッキィ（学名 *Lactobacillus delbrueckii*）という乳酸菌だけが残る。この最後の段階では、酵母も増殖してアルコール発酵を行い、芳香や風味を加える。ただし、乳酸菌の量と比べて酵母の量が多くなりすぎると、オリーブは膨張し、塩水は濁り、臭くてまずいものになってしまう。酵母の量と乳酸菌の量のバランスをうまく保つには、発酵中に注意深く監視を続ける必要がある[19]。

科学知識がなかった時代の人々から見れば、発酵は、その原因も作用も結果も、奇跡のように思われたにちがいない。発酵さえさせれば食べられ、しかも栄養豊富になるというのだから、まさに驚きだったはずだ。世界では現在でも多くの地域で、適切な発酵技術があるかないかが、豊かな食生活を送れるか、あるいは食料難になってしまうかの分かれ道となっている。その好例がキャッサバだ。キャッサバはアフリカと東南アジアにある低木で、これらの地域の人々と動物にとってキャッ

キャッサバの塊茎の皮むきをする女性たち。キャッサバはアフリカの一部地域では主食となっているが、毒（シアン化水素）を含むため、食べる前に発酵させるなどして毒抜きをしなければならない。

サバのイモ（根茎）は重要な栄養源となっており、粥やパンなどの主食に使われる。あいにくキャッサバには毒——シアン化水素（青酸）——が含まれているが、正しく扱って調理すれば、そのイモは頼りになる食べ物に変身する。その手順はこうだ。まずは繊維質の多い外皮をむき、その内側にあるデンプン質のイモ部分を小さく刻む。刻んだキャッサバを袋に入れてつるし、その汁が垂れて出てくるようにする。つるしている間に、そこで乳酸菌がコロニーを作り、それに続く発酵がキャッサバを無毒化する。十分に発酵したらすりおろして天日干しし、最後に乾煎《からい》りする。[20] こうして出来上がったキャッサバの粉は、ケーキやパン、香ばしいフリッターなど、さまざまなものに使われる。もちろん、方法は地域によって異なる。「（三人は）それぞれ長いかごを持ち、キャッサバの柔らかい茎を切る鉈、そして芋掘り用に小さな鍬を携えた」

と小説家のチヌア・アチェベは1958年に書いた小説『崩れゆく絆』〔粟飯原文子訳／光文社／2013年〕のなかで、生まれ故郷ナイジェリアの伝統的な方法について書いている。「かなりの量を収穫すると、三人は二回にわけて小川に運んでいった。女はみなここにキャッサバを発酵させる浅い井戸を持っていた」〔『崩れゆく絆』粟飯原文子訳／光文社より訳文引用〕。[21]

スーダンでよく食べられているエビスグサ（学名 *Senna obtusifolia*）も、天然の状態では毒があるため下処理が必要だ。エビスグサの葉を叩き潰してペースト状にしてから陶器の壺に入れ、その壺をソルガム（モロコシ）の葉で覆ってから、陽の当たらない冷たい地中に埋める。3日ごとにかきまぜながら、地中で2週間ほど発酵させる。その後、発酵済みのペーストを直径2センチほどの団子に成形し、保存できるように天日干しする。このエビスグサの葉のペーストは「カワル」と呼ばれ、その強烈なにおい――「右手で食べても、左手もそのにおいがする」と言われる――は手に染みついてしまうほどだ。だがこれは小さな厄介事にすぎない。いくら強烈なにおいがしても、その刺激的な風味が料理をこのうえなくおいしくしてくれるのだから。[22]

人間はその天才的な能力で、ほぼすべての果実と野菜を発酵させてきた。しかもこの能力は、たいていは家庭のなかで培われてきたものだ。そう、発酵食品のほとんどは家庭で作られるものだった。というのも、発酵のプロセスには細心の注意と直観的な知恵が必要なうえ、石造りの壺や陶器の壺といった容器は簡単に持ち運べるものではなかったからだ。付け加えれば、発酵という営みが家庭という非常に小さな単位で行われていたことは、発酵食品を作っていた人々の生活のようすを映し出してもいる。昔ながらの製法で作っていたということは、作り手がおおむね定住して平和に暮らしていたか、少なくとも社会の激変にあまり見舞われずにすんでいたということを示している。だがほかの発酵食品と同様に発酵野菜も、やがて標準化した大規模生産の流れに飲みこまれていった。この流れについて語ることは、拡張主義的な目的を持って広範に動きまわる人々——探検と戦いと征服と占領に血道を上げた人々について語ることでもある。そうした人々は、故郷からはるか離れた場所にも持参できるよう、発酵食品に安定性を求めた。

1800年、ナポレオン・ボナパルトはヨーロッパ征服を決意した。この大きな目的を果たすために無数の実際的なアイデアが必要とされたが、そのひとつが、海軍の水兵に食料を支給する方法だった。兵士に肉と野菜を供給し、さらには、こうした食品を船上で保管し調理する方法を考案した者には賞金1200フランを与える、と将軍は約束した。この難しい課題に対し、ニコラ・アペールというフランス人シェフが大胆な解決策を出した。彼はまず、さまざまなサイズのガラス瓶——ジュース一杯分からゆでた羊肉一頭分が入るものまで——の作製を提案した。ガラス瓶にコルクで栓をすればなんと！　瓶のなかの食べ物は腐らない！　見事に採用をもぎ取ったアペールは、1811年に『あらゆる種類の肉と野菜の保存術 *The Art of Preserving All Kinds of Animal and Vegetable Substances*』を出版した。これが、食品の保存方法をテーマにした最初の料理本だった。

ただしこの案には問題点があった。ガラス瓶は食品の保存に適してはいるが、壊れやすくて重く、扱いにくかった。でこぼこ道や荒れた海では、運ぶことさえ容易ではなかった。アペールにわずかに後れて登場したのが、イギリスのピーター・デュランドという発明家である。彼はアペールの方

長期間の旅でも食品を保存できるようニコラ・アペールが開発した瓶のサンプル。瓶はうまく役立ち、アペールは皇帝ナポレオン・ボナパルトから賞金を与えられたが、瓶のサイズ、重さ、壊れやすさのために、結局のところ実用的ではなかった。

法にならいつつも、ガラス瓶ではなくブリキ缶を使うことを提案した。こうして缶詰が生まれた。その後、缶詰は19世紀半ばのアメリカの南北戦争時に改良が重ねられた。そして間もなく、もともとは兵士の軍用食だった缶詰食品は忙しい主婦の味方となり、ふつうの家庭の台所に自家製の保存食を詰めたガラス瓶と食品工場製の缶詰が仲良く並ぶようになったのである。

ありがちなことだが、産業界は、戦時中に軍部が採用した技術の進歩を平時にも利用しようと考えた。1870年から1910年にかけて、大企業はアメリカの農産物栽培や食品製造販売の体制を支配下に置こうと動き出した。そうした企業のひとつが、H・J・ハインツ・カンパニーだった。1869年にペンシルヴェニア州ピッツバーグ近郊で創業した同社は、水蒸気を浴びせながら野菜を瓶に詰めるという最先端の方法を利用しようとした。瓶を煮沸する必要がないやり方だ。ハインツ社の幹部は、この方法なら間違いなく経済的にメリットがあるとすぐにわかった。さまざまな種類の果実や野菜を今以上に大量に保存加工でき、すぐに市場へ出すことができるからだ（ハインツのラベルにあるキャッチフレーズ「57 Varieties（57種類）」がこのメリットを象徴している）。その後もハインツ社は、皮むきやスライスの方法、塩水に漬ける方法も工夫した——どれも昔は母親や祖父母など家事を担う人々が行っていた仕事だ。こうして、果実や野菜の発酵食品も大量生産の時代に入った。1910年には業界は6万8000人以上の従業員を抱え、約30億個の瓶詰を生産するようになっていた。[23]

発酵野菜の大量生産ができるようになると、そうした加工食品の利用価値を宣伝する必要も出てきた。そこでハインツ社は、マスマーケティングという新しい手法をおおいに利用することにした。

ハインツ社のピクルス工場のようすを描いたトレードカード。同社は産業規模で野菜の瓶詰を製造したパイオニアだった。その工場が病院なみに清潔であることをセールスポイントにしていたが、見掛け倒しの場合もあった。

同社のマスマーケティングは、女性を中心とした消費者に家事の知識と技術を捨てて簡便さを選ぶように仕向けるため、商品を見せびらかし、販売促進用のサービス品を配布するという戦略を多用した。そして1893年、ハインツ社はシカゴ万博博覧会に出展する。万博を見にきた人々に、ハインツ社は自社の展示スペースで商品を味見させたうえ、立ち寄ってくれたお礼にと土産まで配った。それは、ハインツ社のロゴマークである小さな緑のピクルスの形をしたピンだった。このピクルスピンはブレスレットやキーホルダーに付けるものだったが、客が自分の手元を見るたびに瓶詰め野菜の便利さを思い出させる効果を狙っていた。ハインツ社の商品を思い出させるものは、身につけるものだけではなかった。「ハインツ」という名前を派手に広告するネオンサインを町の中心部のあちこちに出し、工場製の上質な食品の存在をつねに消費者に意識させるようにした。[24]

またハインツ社の幹部は、透明性が信頼を得るカギだということもよくわかっていた。会社の経営がいわゆる「優美と明知（sweeteness and light）」、美と知識が調和した理想的な状態であることを見せるため、ハインツ社は工場見学ツアーを行った。「ハインツ社の作業室の第一印象は、まるで病院の調理室のようだというものである。大勢の美しい調理師たちが患者のためにおいしい食事を作っているかのようだ」と見学者のひとりは１９１１年の雑誌『公衆衛生 *Public Hygiene*』に寄稿している。

こと細かに描写する必要はない。なぜなら、どこを見ても、病院〔の調理室〕と同等の水準で清潔と衛生が保たれていることは明らかであるからだ。「57種類」についてそれがどのような結果をもたらすかは、医者ならすぐにわかる。[25]

ハインツ社が作り出したかった印象は明らかだ。有害な細菌がいないと保証できるピクルスを製造できるのはハインツの工場だけ、というものだ。

パンやビールの場合と同じく、ここでも衛生運動が、工場で瓶詰めされた野菜のほうが安全だと世間に思いこませようとした。そして、その加工工場もそうした印象を裏切るようなことはしなかった。それどころか、加工工場は科学的・医学的に正しいことをしているのだという雰囲気をかもし出すことで利益を得た。消費者は、品質にむらがなく無菌状態であることを選ぶようになっていた。ハインツ社や同業者たちは、こうした消費者の志向に沿って製品を届けているかのように工場のようすを——少なくとも、念入りに演出した見せかけの工場のようすを——世間に提示することができた。

その一方、自家製の発酵野菜を作り続けていた人々も、台所を工場のような衛生水準にまで持っていこうと思うようになった。このガイドブックとなったのが、『模範的女性のための瓶詰め製造読本 *Everywoman's Canning Book*』などの家政学の本だった。1918年に出版されたこの本は読者にこう警告している。「果実や野菜を切ったり刻んだりしたものは、どれほど新鮮でも、その表面に小さな目に見えない微生物が必ず付着しています[26]」。顕微鏡でしか見えないような敵と戦うことが、発酵食品を手作りするときの義務になったのである。

ただし、工場並みに衛生的な食品を手作りしようと躍起になっていた人々は気づかなかったことだが、この微生物との戦いにはすでに味方がいた。しかも、そうした味方もまた微生物だった。実は、発酵の技法すべてが敵に立ち向かう戦力だったのだ。だが、何百年にもわたる成功の歴史があるはずの発酵の技法は、当時の不完全な微生物学に否定され、信用を失いかけていた。

# 第6章　魔法をかける微生物
## チーズやヨーグルトなどの発酵乳製品

僕は思った
もしスイスチーズが考えることができたなら
スイスチーズはこう思うだろう
スイスチーズはとても大事なもの
世界で一番に
何でもそうだけど　ともかく考えることができるなら
自分のことをそう思うよね
――ドン・マーキス著『アーチーグラムズ[1] *Archygrams*』（1927年）

衛生運動が拍車をかけた消費者の好みの変化は、工場で生産される発酵野菜の場合と同じように、ミルクの生産と消費にも影響するようになった。1886年、それまで食品産業界の発展に大きく寄与してきた「食品会社だけが清潔で安全な食品を市場に提供できる」という価値観が、牛乳についても適用されるようになった。この年、ドイツの農芸化学者フランツ・リッター・フォン・ソックスレーが、パスツールの学説に基づいて、この最も腐りやすい動物性食品の加工方法を考案した。牛乳を60℃で20分間から30分間加熱してから無菌の容器に入れて冷却する、というものだ。こうすれば牛乳は安全な飲み物になるだけでなく、従来より長持ちし、遠方まで輸送することができるようになった。[2] 細心の注意と厳密さを必要とするソックスレーの加工法が難しい方法だったのは確かだ。温度が高すぎれば牛乳の味と口当たりが台無しになってしまう。低すぎると牛乳に含まれる有害な微生物を完全に死滅させることができない。

ソックスレーの成功によって、牛乳は従来の市場の枠から解放された。それまで牛乳を飲めるのは、新鮮な牛乳を食卓まで届けさせるだけの費用をまかなえる富裕層か農家に限られていた。だがソックスレーが考案した方法のおかげで、牛乳は新たな消費者――都市部に住み、牛乳はかなりのぜいたく品だった比較的低収入の人――にも届けられるようになった。

ただし、ミルクではなくチーズやバターという形の発酵乳製品でなら、都市部で手に入れることはできていた。ミルクはきわめて腐りやすいが、日持ちのする、持ち運びしやすい食品に変える方法は何百年も前からあったのである。しかもミルクは、自然に発酵する。新鮮な野菜と同様に、ミルクにも無数の微生物がすみついている。カゼイ菌（学名 *Lactobacillus casei*）、ブルガリクス菌（学名 *Lactobacillus bulgaricus*）などの良性の細菌は、脂肪球、タンパク質、糖、塩、炭水化物、無機質、酵素、水と混じり合っている状態が生育にきわめて適している（とはいえ、ミルクはリステリア・モノサイトゲネス *Listeria monocytogenes* や結核菌などの感染症の病原菌も含む。1杯のヨーグルトや

馬乳酒を図案に取り上げたカザフスタンの切手。馬乳酒は馬乳を発酵させた飲料で、薬効があると考えられており、愛飲者のなかには作家のレフ・トルストイや作曲家のアレクサンドル・スクリャービンといった著名人もいる。カテゴリー的には酵母と乳酸菌による発酵食品で、牛乳を発酵させたケフィアやヴィーリと同種。

1個のチーズのなかに何がひそんでいるかは、誰にもはっきりとはわからない）。いずれにしろこれら微生物のおかげで、人間はきわめて腐りやすいミルクを長持ちして栄養豊富な乳製品の数々に変身させてきたのである。

ミルクがさまざまな乳製品に変身するには、3種類の発酵の方法がある。乳酸発酵、酵母と乳酸菌による発酵、菌類と乳酸菌による発酵だ。ひとつ目の発酵は、ヨーグルトや「アシドフィルスミルク」と呼ばれる発酵乳などが典型的な例と言える。2番目の発酵食品、たとえばケフィアやヴィーリ、馬乳酒《ばにゆうしゆ》は、発酵中に泡立ったり、ヴィーリの場合に見られるように表面が白くけば立ったようになるので、細菌と酵母によって発酵が行われているとわかる。チーズはすべて3番目の発酵だ。カビの斑点が見られるロックフォールがこの典型的な例で、菌類と細菌が協力し、日持ちが良くておいしい食品を生み出している。こうした発酵に共通して関与しているのが乳酸菌だ。乳酸菌は栄養を摂取してミルクを酸性化し、それによって有益な微生物の増殖を促す。また、こうした細菌の働きで、ミルクに含まれる栄養素が消化吸収しやすくなるうえ、香りも味も良くなる。

世界には400種類以上の発酵乳製品があると言われている。[3] アフリカ、中東、ヨーロッパ、インドでは、ほぼすべての文化にすばらしい発酵乳製品がある。その大半は中温性の発酵乳製品だ。常温で発酵し、出来上がったものを少量取り置いておき、次回の発酵のスターターにするというバックスロッピングも可能だ。この方法はスウェーデンの酸味のある液状の乳製品「フィールミョルク」や、「マツン」というアルメニアのクリーミーなヨーグルトを作るときにも使える。バックスロッピングよりも簡単なのが、すでにミルクのなかで自生している細菌で発酵するという方法だ。エチオピアではこの方法でヨーグルトのような「エルゴ」という発酵乳を作り、スーダンにも「ロウブ」という類似の発酵乳がある。ジンバブエの「アメイシ」は、果肉を抜き取ったヒョウタンや革袋に低温殺菌していないミルクを入れ、自然発酵させて作る。ヒマラヤ山脈に住む人々も、攪拌したばかりのバターミルクから固形分を集めて「チュルカム」という自然発酵のチーズを作ってきた。

発酵乳製品の起源は、はるか昔にさかのぼる。研究によれば、酪農業――乳製品の生産、貯蔵、流通――が始まったのは約1万5000年前の中東だという。当時その地域の人々は、それまでの遊牧の暮らしから、定住して農業を営む生活への移行期にあった。北アフリカにある紀元前5000年代の岩絵《いわえ》には、サハラ地域で牧畜が始まった頃の住民たちが牛の番をしている場面が描かれており、同時期の土器の破片からは、その土器で乳脂肪を作った痕跡が発見されている。[4] また、さらに少し下った紀元前3200年頃のシュメールの印章にも、若い牛や羊が女性たちに付き添われて小屋から出ていくところが描かれている。その後の印章でも、乳しぼりをしたり、集めたミルクを加工したりしている男性の姿がある。[5]

メソポタミアの東側でも乳製品は重要だった。ヒンドゥー神話によると、太陽と月と星は広大なミルクの海（乳海《にゅうかい》）から生まれたという。栄養と生命を無限にもたらす源泉だと考えられていたミルクにぴったりのイメージだ。古代のインド人はたいてい発酵乳製品を食べていたらしい。そのことは『ヴェーダ』という古代インドの宗教文書にも書かれている。なかでも紀元前12世紀頃に編纂されたとされる最古のヴェーダ、『リグヴェーダ』では、雌牛や雌牛を示す数々の表現が700箇所以上出てくる。ヴェーダ時代のインドの人々はミルクが健康に非常によいものだと考えていたので、食べるだけでなく薬としても利用していた。また、ミルクを出してくれる牛などの動物には特別な敬意が払われ、雌牛は「カーマデーヌ（如意牛《によいぎゆう》）」とも呼ばれた。「ミルクのように望みのもの」を出してくれる牛という意味だ。[6]

ミルクを望む人は多かったが、実際に手に入れられる人はほとんどいなかった。乳製品を口にするよろこびはバラモン（祭官）階級だけに限られ、バラモンはミルクかヨーグルトをソーマと混ぜて飲むことが多かった。ソーマとは植物のエキスであり、人間に永遠の命を与え、神々と対話できるようにしてくれると信じられていたものだ。[7] 飲み物としてのミルクは、東洋でも西洋でもぜいたく品だった。多くの人が飲んでいたのはビールやワインである。乳製品と言えば、まずはチーズを意味した。日常的に食べることができ、しかもタンパク質を含む栄養豊富な食品そのものが少なかった時代において、チーズは発酵野菜と並ぶ、そうした貴重な食品のひとつだった。ミルクをチーズにすると栄養が凝縮され、消化吸収も良くなる。また、持ち運びも売買もしやすかった。チーズが最も重要な発酵乳製品のひとつとなったのは当然のことだった。

チーズ作りは、酪農業の発展と足並みをそろえるようにして進化した。現在有力な説によれば、チーズの発見は、袋に入れておいたミルクがなかで凝固していたのに気づいたことが発端だという。ミルクが凝固したのは、その袋が動物の胃から作ったもので、袋にレンニンというタンパク質を消化する酵素が残っていたためだった。その凝乳《ぎようにゆう》（カード）に塩を加え、押し固めて水分を抜いたら、カッテージチーズかフェタチーズに似たおいしい食べ物ができたのだろう。ボール状の乾燥し

エジプトのチーズ作りを描いたヒエログリフ。チーズの起源ははるか昔で、最古の文明と同時期のチーズが発見されている。

たバターミルクが石化《せっか》したものが遺跡から出土しているが、そのバターミルクのボールには中央部を貫く穴があった。おそらく、ひもに数珠なりに通し、つるして干したと思われる。[8]

チーズ発祥の地は不明だが、広範囲で作られていたことは確かだ。ポーランドの新石器時代の遺跡で発見された土器の破片には小さな穴があいていたが、これはその破片がホエー（乳清）からカードを分離するためのストレーナー（漉し器）の一部だったことを示している。[9] エジプトのファラオだったホル・アハ（紀元前3100年頃）の墓でも、来世で使うための土器のひとつとしてチーズの入った壺2個――一方の壺には上エジプトのチーズ、もう一方の壺には下エジプトのチーズ――が置かれていた。[10] また、古代エジプトの首都だったこともあるメンフィスの首長プタハメスの墓からも、紀元前1300年頃のチーズが入ったポットが発見されている（プタハメスのチーズにはブルセラ *Brucella* という細菌の痕跡もあった。ブルセラに感染すると、高熱、悪寒、発汗、体力低下といったブルセラ症、別名「マルタ熱」を発症する）。シュメールでは、紀元前21世紀のウル第3王朝時代の楔形文字を刻んだ粘土板に、チーズの交易についての記録がある。新疆《しんきょう》でも、紀元前17世紀にチーズを作っていたことを示す証拠が発見されたことがある。[11]

チーズに言及している古代の文書は数多くある。旧約聖書でヨブは神にこう語りかける。「あなたはわたしを乳のように注ぎ出し、チーズのように固め（中略）てくださった」（「ヨブ記」第10章第10節）。アリストテレスは胎児の受胎と成長をチーズ作りになぞらえた。女性の経血に男性の精子が働きかけて、その「固めの部分を寄せ集める」のだとアリストテレスは書いている。すると、「液体がそこから分離され、土のような部分が凝固すると同時に、薄い膜がその全体をくるむように形成される」[12]。ホメロスの『オデュッセイア』には、乳製品が大好きなポリュペモスという名の隻眼の人食い巨人キュクロプスが登場する。「編籠にはチーズが溢れるばかり」だった、と主人公オデュッセウスはポリュペモスの洞窟に入ったときのことを回想している。「そこに置いてある巧みに作られた容器――あるじが乳を搾るのに用いる桶や鉢はみな、乳漿《にゅうしょう》が溢れている」[13]〔『ホメロス　オデュッセイア』松平千秋訳／岩波文庫より訳文引用〕。

古代のチーズ作りを詳細に書き記した人々といえば、古代ローマ人の右に出る者はない。紀元1世紀の作家コルメラはワイン造りや農業などについて綿密に書き記しているが、チーズ作りこそ都市から離れたところに住む人々にとって実益があるとして、「ミルクのバケツを市場へ」運ぶよりもチーズを作るほうがよいとした。そして、バケツの中身を凝固させるには、子羊あるいは子ヤギの胃を推奨している。野生のアザミの花、ベニバナ（学名 *Carthamus tinctorius*）の種子、イチジクの小枝か樹液を使って凝乳を作ることもでき、なかでもイチジクを使うと非常に甘いチーズになるという。またコルメラによると、乳清はできるだけすばやく抜き、できたての凝乳は型か柳の枝で作ったカゴに押しながら入れ、その型かカゴをつるしておくのがよいらしい。9日間寝かせた後、そのチーズを「暗くて冷たい場所」に置いて熟成させ、さらにそのチーズを塩水に数日間浸してから天日干しして食べるのがお勧めだという[14]。

古代ローマ帝国には数十種類ものチーズがあった。大プリニウスによれば、最高のチーズは属州ネマウスス（現在のフランスのニームとその周辺地域）で作られたものだという――とりわけレスラ村産とガバリス村産が最高だったらしい。しかしこのチーズは傷みやすかったので、新鮮なうち

古代ローマで人気だった「モレトゥム」というハーブ入りのチーズスプレッド。ワイン同様、古代ローマ人はチーズ作りの技法も進化・洗練させ、ヤギや羊、牛ばかりかウサギのミルクまで使って多様な料理を編み出した。

に食べねばならなかった。また、アルプス山脈で作られたドクレアテチーズとヴァッシコチーズ、ローマ産のスモークしたヤギのチーズも称賛している（ただし、ガリア産のチーズは非常に薬くさいので好みではなかったらしい）。彼によると、風味が落ちてしまったチーズは香草のタイムを浸した酢につけると復活するという。このアイデアには実は高貴な――それどころか神聖な――先例があり、伝えられるところでは、驚くほどの効果があるという。「ゾーロアストレース（ザラスシュトラ）［ゾロアスター教の開祖］が荒野で30年間も生きることができたのは、特別な製法で作ったチーズのおかげだと言われている」と大プリニウスは書いている。「そのため彼は老いを感じなかった[15]」。

古代ローマではあらゆる階層の人々が

チーズを食べた。農民などの、香辛料や強烈なニンニクの風味に慣れている田舎の人々は、「モレトゥム」というハーブ入りのチーズスプレッドを食べていた。反対に甘い食べ物といえば、古代ローマの元老院議員で歴史家だった大カトーは著書『農業論』に、「プラケンタ」というチーズケーキのレシピを載せている。プラケンタとは、ハチミツを混ぜた羊のチーズと生地を何層にも重ねた濃厚なチーズケーキのことだ。また、比較的シンプルな「リブム」というチーズケーキのレシピも書いており、それによると、チーズ、ひき割り麦、卵をすり鉢で細かくすってから皿に広げ、それを焼けた炉の石の上に伏せて置き、ゆっくりと焼いたものだったようだ。しかし、そうした美食のよろこびにふけりすぎると困ったことにもなった。ローマ人は、チーズを食べると胃が重くなり、ガスがたまるなどの胃腸の不具合が出てくると思っていた。腹がごろごろ鳴るようなときはウサギの乳で作ったチーズにするほうがよい、と大プリニウスは勧めている。

古代ローマ人は医学的な理由がないかぎり、新鮮なミルクをわざわざ飲もうとはしなかった。それどころか、富裕層や中間層はミルクを完全に避けていた。この拒否反応はギリシャ人から受け継いだものだ。ギリシャ人の感覚では、新鮮なミルクを飲むと肥満や不妊や怠惰などあらゆる問題が起き、こうした災難に見舞われるリスクを冒すのは「野蛮人」だけだった。紀元前5世紀のギリシャの歴史家ヘロドトスは、スキタイ人が馬乳を好み、奇妙な方法で馬乳を手に入れることを知っていた。スキタイ人は盲目の奴隷の力を借り、「私たちの笛によく似た骨製の管」を「雌馬の陰門」にぐいと押しこんでから、スキタイ人か奴隷かが「その管に口を当てて」息を吹きこみ、「そうして吹いている間に別の者がミルクを搾る」のだという。このユニークな方法はおそらく、馬の血管に空気を送りこみ、それで乳腺が垂れるようにするということだろう。[16] それから約300年後、ユリウス・カエサルは、ブリテン諸島に住む部族が「ミルクと獣肉」を常食にしている、と書いている。征服者である古代ローマ人の目には、このような食事は洗練されていないものと映ったにちがいない。

だが、ミルクを飲んでいた者がやがて征服者のローマ人を圧倒することになる。ローマ帝国の没落後も農民やキリスト教の修道士は、「白い肉」と呼ばれるようになっていたチーズを作り続け、チーズは重要なタンパク源であり続けた。ただ、額に汗して働く農民は、すぐ用意できて腹を満たしてくれる簡単な食事を求めたのに対し、時間に余裕があった修道士はじっくりとチーズ作りをすることができた。試行錯誤を繰り返しながら、修道士たちはさまざまなおいしいチーズを生み出した。

時には、チーズ作りの腕前が厄介ごとの種になることもあった。フランク王国の皇帝シャルルマーニュ（別名カール大帝）がパリと王宮のあるアーヘンの間を行き来していた頃のこと、とある司教の館に皇帝が立ち寄って夕食を取ることになった。ところがその訪問日はあいにく聖日で、皇帝は獣の肉も鳥の肉も食べることができなかった。しかも司教は、肉の代わりに出せるはずの魚もたまたま切らしていた。だがチーズはあった——今で言うブリーチーズだ。司教はこのチーズを出した。すると皇帝は、そのチーズの内側のクリーミーな部分だけを食べ、外側にある白いリンド（外皮）をわきによけた。これを見た司教は、それでは「最上の部分」を捨ててしまうことになる、と皇帝に教えた。皇帝は司教の言葉を信じ、チーズのリンドを口にすると、「バターのように」おいしいと言った。それどころか、そのチーズをたいそう気に入り、その場で司教にこう命じた。このチー

中世のチーズ作りを描いた写本挿絵。農民が食べるチーズは、たいてい素朴でシンプルだが栄養豊富なものだった。もっと洗練されたチーズを作っていたのは修道士だ。修道士には手間をかけて凝ったチーズを作る時間もあったからだ。

ズを毎年荷馬車2台分、アーヘンの宮殿まで届けよ。[17]

司教の館は皇帝の宮殿から近いところにあったのだろう。ブリーのようなソフトチーズは遠くまで輸送すると品質が落ちてしまうからだ。そもそも、このチーズは遠方まで運べるように作られてはいなかった。多くの修道院が「リンドが白粉をふいている」ような白カビタイプの柔らかいチーズを作っていたのは、地元での需要を満たすことを最優先していたことを示している。チーズの市場が――とりわけ生産地との距離が――チーズの特徴を決めた。ソフトチーズは、市場となる都市に近いところで作られていた。一方のハードチーズは、でこぼこ道や荒れた海での輸送にも耐えることができたので市場のすぐ近くで作る必要はなかった。ハードチーズは利益の出る輸出品となり、このチーズ作りに長けた国々は豊かになれたのである。

パルミジャーノ・レッジャーノがこの好例だ。このチーズは14世紀のイタリア北部で生まれ、トスカーナ地方の商人たちに愛好された。アフリカ北部からフランスやスペインの港町にいたるまで、しだいに各地で販売されるようになった。塩分含有量が多く水分が少ないので、暑い地域でも風味が落ちにくく、どの市場でも人気が出た。イギリスのサミュエル・ピープスもパルミジャーノ・レッジャーノが大好きだった。1666年にロンドン大火が起きたとき、焼けては困るものをいくつか地面に埋めたが、このチーズもそのうちのひとつだったという。

やがて、高塩分・低水分でないチーズも世界の市場に出まわるようになっていった。このチーズ交易競走の先頭に出たのは、またもや商魂たくましいオランダ人だった。もともとチーズはビールと並んでオランダ経済の支柱であり、オランダ人自身もよく食べていた。あるイギリス人政治家はネーデルラントを訪問した際の記録にこう書いている。オランダの市民は「昔はブロックヘッド（でくのぼう）だとかチーズとミルクを食う者などと呼ばれていたものだった（が、今は違う）」。ブリテン諸島の出版物にも同じようなことが書かれている。ある小冊子が評するには、オランダ人は「元気で太っちょな2本足のチーズの虫」だった。[18] だがどんなにこき下ろされようと、元気なブロックヘッドはヨーロッパ屈指の裕福で栄養十分な国民となったのである。これは主にチーズのおかげだった。

ビールの貿易の場合と同じく、チーズの貿易でもオランダ政府が農民や貿易商を動かした。そして農民や貿易商が、泥炭地だったり塩分が多かったりといった土地を酪農に適した牧草地に変えていった。湖の水を抜き、堤防や水路や風車を造り、乳牛に食べさせる飼い葉を育てた。飼い葉用の畑の土を肥やすのには、自分たちの下肥《しもごえ》――つまりは人糞尿――と牛の糞、せっけんの製造業者が出す灰を使った。また、ミルクをたくさん出す大型の乳牛の選別を熱心に繰り返した。当時、1頭の乳牛から年間約1350リットルのミルクが採れたという[19]（現代のホルスタインは月間約900リットルのミルクを出す）。

すぐれた農地は、すぐれた食生活につながった。ミルクは国民の食生活を支える屋台骨となり、そのことは高く称賛された。17世紀の人文主義者ヘイマン・ヤコビは、「甘いミルク、焼きたてのパン、上質のマトンとビーフ、新鮮なバターとチーズ」の食事が人間を健康にすると書いている。この6つのうちの3つが、活発な酪農業だけでまかなえた。数量的にも価格的にも申し分なく、金

Flying out of the sky
they came bringing
cheeses

ウィリアム・エリオット・グリフィスの著書『若者のためのオランダのおとぎ話 *Dutch Fairy Tales for Young Folks*』（1918年）に収められている「チーズがもっと欲しい少年 The Boy Who Wanted More Cheese」のレイチェル・ロビンソン・エルマーによる挿絵。オランダ政府が主導した政策により、オランダのチーズ生産は急発展し、チーズはオランダで最も豊富に出まわる食べ物のひとつになった。もしかしたら店頭や家庭の棚に妖精がチーズを運んでくるのではと思われるほどたっぷりあった。

持ちも貧乏人も、誰もが食べていたようだ。懐具合が寂しくても、パンにバターを入れて焼き、チーズや肉を載せて食べるくらいはできた（イギリス人はこれを見て、オランダ人には不相応なぜいたくだと考えた）。孤児や浮浪者でさえミルクをすすりチーズをかじっていたという。労働者階級にとって、乳製品はつらい労働をこなす力を与えてくれるタンパク質たっぷりの燃料だった。中間階級にとっては、その無限とも思える種類の多さがめずらしいものを味わうよろこびとなり、単調とは無縁の食生活を実現してくれた。17世紀のイギリスの博物学者ジョン・レイは、著書『ネーデルラント、ドイツ、イタリア、フランス旅行記 *Travels Through the Low-Countries, Germany, Italy, and France*』でこう書いている。「たいていの場合、彼らは4種か5種のチーズを取り出して目の前に置いた[20]」。

レイが見たものが特にめずらしかったわけではない。いつでもどこでも、どんな好みやどんな場面にもふさわしいチーズがあり、どのチーズにも独特の風味があった。たとえば居間でくつろぐなら小さな円形のおいしいフレッシュチーズを食べ、海の旅ならターメリックやサフランなど防腐作用のあるハーブをまぶしたチーズを食べた。ハーブが与える刺激的な風味は、きっと腹をすかせた船員も味わったことだろう。

多種多様なチーズを提供したオランダ人は経済的に大きく躍進した。1640年代のゴーダ市の年間チーズ販売量は約2300トンだったが、1670年代には2700トン以上になった[21]。ゴーダ市と同じくチーズ輸出の主力都市となったのが、アルクマール、ロッテルダム、アムステルダム、ホールンだった。なかでもホールンは、ヨーロッパ全体を市場にしていた[22]。

17世紀のオランダはこうしてチーズの生産と輸出に秀でるまでになったが、微生物とその作用についての知識はまだまだ不十分だった。これは大いに注目に値する。実は1665年にはロバート・フックがチーズにある「青と白と数種の毛が生えたカビの斑点」を観察している――だがこの観察記録は誰からも注目されなかった。[23] フックの研究が脚光を浴びるのはこの200年後になるのだが、それまでの間は、基本的には昔ながらの方法に試行錯誤を重ねながらチーズの製造を続けられていったのである。

だがチーズ作りには、個人の技術、乳を出す動物、地域の風土がそれぞれに深く影響しあう。チーズの風味と食感は、技術とテロワールの組み合わせで決まる。ミネラル分の豊富な土壌に生えるクローバーを食べて育った動物のミルクは、山地のハーブをかじる動物のミルクとは別物になる。そしてチーズに含まれる微生物はいたるところからやって来るのである――搾乳の道具も、風も、乳搾りをする人も、すべて微生物を持ちこみうる。どんな風味のチーズになるかは、この目に見えない微生物の混入具合が決め手だった。地域性と深く結びついた食品であるチーズは、技術の標準化と品質の安定性が保証できるような輸出市場向けのものになることを長いこと拒んできた。

チーズを世界中に輸出できることを目指した技術革新はもちろんあったが、このチーズ作りの基本はほとんど変わらなかった（それどころか現在でも、多くの農場では基本に忠実なチーズ作りをしている）。ミルクを熱し、スターターとなる培養菌を入れ、レンネットか何かの凝固剤で凝乳を作る。どの程度凝固させるかが、チーズの最終的な水分と発酵のスピードを決める。たとえばブリア＝サヴァランというソフトチーズ――『美味礼讃』という食物にまつわる画期的な著作を1825年に出版したフランス人美食家にちなんで名付けられたチーズ――の凝乳は、水分の大半を残しておけるように、乳清をそうっと優しく分離する。反対にエメンタールというハードチーズの凝乳は、カードナイフという専用の器具で切断し、分離する乳清が増えるようにする。凝乳を細かく切断すればするほど、凝乳の表面積が増えて水分（乳清）のしみ出る量が多くなり、チーズは硬くなる。その後、凝乳から適度に乳清を抜き、円形の木枠に押しこんで成形する。その後、型から取り出し、塩をすりこみ、塩水に漬ける。

もちろん、こまかい工程はチーズの種類によって異なる。凝乳を温める場合もある。チーズを熟成させる場所も、ひんやりした地下室に置くこともあれば、洞窟で寝かせることもある。たいていは、チーズのリンド（外皮）を前もって塩水で洗って硬化させ、持ち運びや長期の貯蔵ができるようにする。ブリーなど「リンドが白粉をふいている」白カビタイプのチーズは、昔は遠くまで運ぶことを想定していなかったので、数週間熟成させてから木箱に入れ、そのデリケートなリンドを保護した。そしてこの間ずっと、微生物がチーズに魔法をかけ続ける――つまり、凝乳の塊を変身させ、たとえばデリケートな風味のマスカルポーネにするのか、あるいは土臭いスティンキング・ビショップにするのかなど、何百種もあるチーズのどれになるかを決めるのである。熟成させるときも、保管場所の微妙な環境はきわめて重要だ。そして、たとえ同じ種類のチーズでも、そのチーズがつくられた季節、あるいはそのチーズを食べる日によって風味が変わる可能性はいくらでもあった。[24]

だが19世紀になると、以前は運まかせという要素を避けられなかったチーズ作りが、標準化という流れに譲歩しはじめることになる。新興の産業界がチーズの大量生産の可能性に気づいたのだ。チーズの可能性が意識されたことには理由があった。それは、チーズが工場労働者にぴったりの食べ物だったことだ。きちんと作られたチーズは腐りにくく、タンパク質など重要な栄養素を多く含んでいる。そのうえおいしくて、満腹感もある。1851年、ニューヨーク州ロームに住むジェシーとジョージのウィリアムズ父子が、チーズの生産および熟成の専用施設を造った。それは近くにある自分の農場とは別に運営され、大量のミルクを処理できるものだった。稼働した最初のシーズンで、ウィリアムズの工場はハードタイプのチーズを4万5360キログラムを生産した。これは大型の農場で生産できる量のじつに5倍に相当した[25]。

このベンチャーは大成功だった。父子は、大量生産は人件費とコストの削減につながることも実感した。そのうえこのチーズは品質にむらがなく、テロワールや季節の良し悪しに左右されなかった。安く作れるから安く売ることもできる。ウィリアムズ父子のチェダーチーズは、チーズの市場を支配していった。

1866年、ウィリアムズ父子の工場生産方法を改良した製法が登場する。アメリカ酪農者協会(アメリカン・デイリーメンズ・アソシエーション)が、チーズ生産者たちにチーズ生産の科学的方法を紹介したのだ。それは、温度や酸性度、発酵時間も厳密に指定したものだった。

こうした製造方法の改善によって、ニューヨーク州各地のチェダーチーズ工場は一気に成長していった。当時は、工業化と南北戦争というふたつの要素が需要を急増させていた時期でもあった。夫を南北戦争の戦場に駆り出され、家事の負担が増すばかりだった何百万もの女性たちは、自宅で

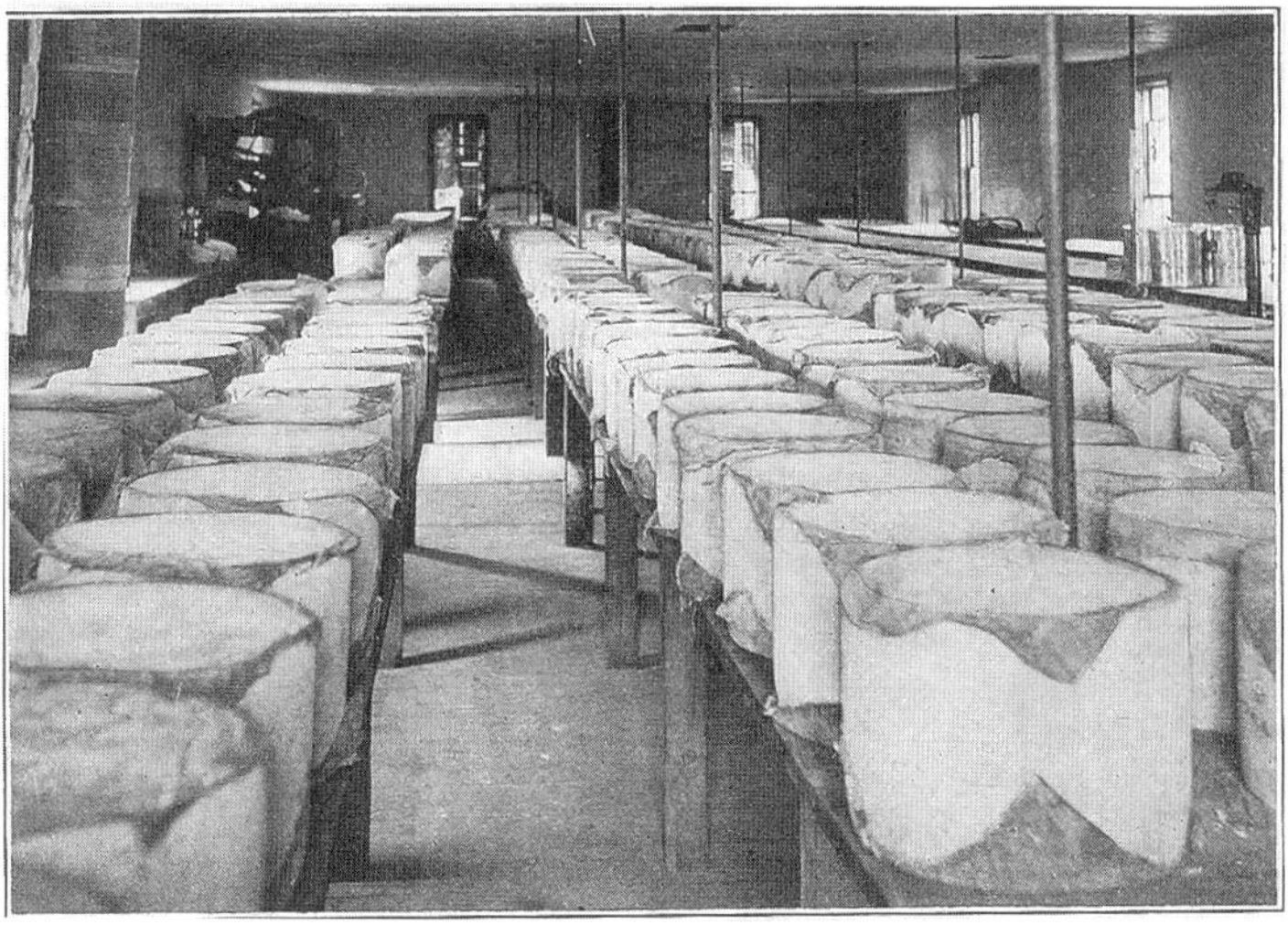

工場で保存されているチーズの列。19世紀にはチーズ作りが大きなビジネスになり、その工程が以前よりも科学的かつ正確に理解されるようになったため、製品の標準化と生産量の急増が見られた。

手作りするよりも工場で製造されたチーズを買うほうを選んだ。[26] また、大西洋の向こう側からのチーズの需要も伸びていた。イギリスは、急増する工場労働者に食べさせるチーズを求めていた。工場製のチーズは扱いやすく、安価だった。工場製のチーズは発酵時間が短くチーズの水分が多かったので、大きさの割には軽量だったことから、重量による量り売りをしていたチーズは同じ大きさでも安価になったのだ。水分が増したためにチーズの風味が台無しになることもあったが、それでも需要は急増した。[27]

残念なことに、急増した需要のかげで詐欺的な行為をする悪徳業者も現れた。かさ増しのために混ぜ物をしたり、クリームをすくい取って代わりにラードを入れたりするようなことがあった。結局、こうした粗悪品のために、アメリカはチェダーチーズ生産のトップの座から陥落することになる。良質なチーズを求める輸入業者

出荷のために包装ずみのロックフォールを箱詰めするチーズ工場の従業員。20世紀初頭に衛生意識が熱狂的に高まったため、市場は工業型のチーズ製造業者にとって有利な状態になった。チーズ工場では製品を低温殺菌し、加工し、密封することができたので、安心できるなら風味など二の次だと思った微生物恐怖症の消費者。

が、カナダやオーストラリアに目を向けるようになったからだ。[28]

一方、製造にかかわる科学技術はこの間に急速に進歩した。20世紀初め、コネティカット州ストーズ農業試験場の菌学者チャールズ・トムが、工場でのチーズ製造に合うようヨーロッパの農場のやり方を応用し、ロックフォールやブリーなどのチーズの製造に不可欠なカビを特定することに成功した。トムは不愛想だが農業に熱心に打ちこむ性格で、いわゆる「アーティザナル」な伝統製法のチーズ作りの謎を科学で解明することができると信じていた。1899年、トムはミズーリ大学で最初の博士号を授与され、その4年後に、ストーズ農業試験場でチーズの研究を率いるようになった。1918年の著書『チーズ』［泉圭一郎訳／北海道酪農協同／1949年］ではこう書いている。

チーズ作りの技法は、「おおいにかけ離れたそれぞれの土地で、高い完成の域にまで発展した」が、「そうしたチーズの製造と出荷の方法は、気候や地域的条件、住民の習慣と密接に関連しながら発展してきた」。チーズは製造する場所との関係が重要であるため、「熟練した人々を新しい土地へ連れ出し、新しい産業界に移らせようとしても完全な失敗に終わった」が、「ミルクに含まれる微生物の性質、およびその微生物の制御方法」を科学的に解明すれば、それは熟練者たちの代わりに十分なりうるとした。[29]

こうした科学への信頼と確信は、アメリカ合衆国農務省の長く実り豊かな歴史の初期の特徴だ。トムはヨーロッパのチーズ作りの伝統を近代的なアメリカの工場に持ちこもうと考え、望ましいミクロフローラ（微生物叢《そう》）が繁殖できる条件を再現しようとした。そして、ペニシリウム・カメンベルティ（学名 *Penicillium camemberti*）とペニシリウム・ロックフォルティ（学名 *Penicillium roque-*

*forti*）という2種類のカビで成功した。その後、アオカビ属（学名 *Penicillium*）とコウジカビ（学名 *Aspergillus*）も研究対象にして、トムはこれらのカビの世界的権威になった。また、そのほかの多くの発酵プロセスについても開発と改良を重ねていった。[30] トムのおかげで、多くのアメリカ人がヨーロッパ風のチーズを楽しめるようになった。

1930年代には、企業によるチーズの製造がまた一段と進化した。これは、バックスロッピングや野生種の接種といった従来の手法に代わって、単一菌株のスターターの培養物を使うようになったおかげだった。[31] また、1929年の大恐慌の余波で多くの中小農場が閉鎖や破綻に追いこまれ、そこで作られていたチーズも消えていった。

農場で作る昔ながらのチーズが消えてゆくなか、チーズ作りの機械化はますます進んでいった。だが、アメリカのチーズ作りのこうした流れをまっこうから否定する人々もいた。フランス人だ。「アメリカ人はチーズを低温殺菌して『殺している』」と当時のフランスの文化人類学者でマーケティング専門家のクロテール・ラパイユは書いている。アメリカ人は「プラスチックで密封包装された、まるで遺体袋に入れられたみたいなチーズを買う（しかもわざわざミイラのように干からびているチーズを選んだりする）。そして密封されたまま遺体保管所のような冷蔵庫にしまいこむ」[32]（ラパイユをはじめとするフランス人は、チーズは室温に保つほうがよいと考え、クローシュという釣り鐘形の覆いをかぶせて保存する）。ラパイユから見れば、工場製のプロセスチーズから真っ先に連想するものは「死」だった。実際、貧しい人々でも買えるようになったこの工場製のチーズには、大昔から複雑な風味を与えてくれてきた微生物はもうどこにもいなかった。

研究室のイリヤ・メチニコフ。ウクライナ生まれの動物学者だったメチニコフは、ブルガリアの田舎に住む人々がまれに見る長寿と健康を保っており、その主食が酸っぱい乳製品だと知ったことをきっかけに、有益な乳酸菌の発見につながる研究を開始した。

だが、生き延びた発酵乳製品もある。陰気な動物学者にして最終的にはノーベル賞を受賞した人物の業績のおかげだ。

1888年、パスツールはこの人物、動物学者のイリヤ・メチニコフをパリのパスツール研究所に招聘《しょうへい》した。1845年にウクライナの小さな村で生まれたメチニコフは、やがて「免疫学の父」となり、マクロファージ――感染部位に見られる白血球――の発見という功績によって1908年にノーベル賞を受賞した。この発見は、ふと思いついてヒトデにバラのとげを突き刺してみたことから成し遂げられた。これを含む数々の発見をもとに、メチニコフは細菌と老化の関係についての学説を入念に練り上げた。

パスツール研究所からの招聘に応じたとき、メチニコフはこうした免疫反応の研究に取り組んでいる最中だった。パスツール研究所でも彼は研究を続けたが、この時期の彼は慢性的な消化不良に悩まされており、その改善のために毎日サワーミルクを飲んでいた。ある日のこと、メチニコフは同僚からブルガリアのヨーグルトのことを教えてもらった。彼はその物めずらしさに興味をそそられただけでなく、その効果にも関心を抱いた。ヨーグルトを食べているブルガリアの農民は長寿者が多いのだという。ブルガリアの農民の長寿はヨーグルトを食べていることと何か関係があるのではないか、と彼は考えた。

1908年、彼は老化についての公開講座で自説を披露した。そして、火を通していない生の食物は細菌まみれなので生食を避けるようにと強く訴えると同時に、ただしヨーグルトは有害な腸内細菌の増殖を防ぐ効果があるとし、ヨーグルトを食べることを強く勧めた。彼の言葉は真剣に受け止められ、この講座をきっかけにサワーミルクが大流行したという。子供の下痢から大人の便秘にいたるまで、人々はあらゆる症状の治療にサワーミルクを使うようになった。[33]

メチニコフはさらに、1907年の著書『老化、長寿、自然死に関する楽観論者のエチュード』[『長寿の研究――楽観論者のエッセイ』平野威馬雄訳／幸書房／2006年復刊]で自説を発表した。この著書で彼は、大半の細菌は病気の原因となる毒素を生ずるが、長寿をもたらす微生物群も確かに存在するという自説を詳述した。パスツール同様メチニコフも、乳酸菌が食物を変身させることを指摘したのである。その例として、ザワークラウトやライ麦パンやクワスやサワーミルクのように、サワーミルクが「多くの種類のチーズ」となりうること、野菜が「自然に酸っぱくなる」ことを挙げている。[34]

ただしこのことを指摘したのはメチニコフが初めてではない。1780年、スウェーデンの化学者カール・ヴィルヘルム・シェーレがサワーミルクの乳酸菌をすでに発見していた（目に見えないものすべてに精通していたシェーレは1773年に酸素を発見したとされてもいる）[35]。だがシェーレの発見は忘れ去られ、1813年になってようやく再発見された。これは、ナンシー植物園の監督委員だったアンリ・ブラコノーが、発酵したコメ、腐ったビートの汁、湿ったパン酵母に生息する細菌を観察していたときのことだった。そして彼は、その細菌の活動の副産物を「ナンシーの酸」と呼んだ[36]。だがパスツールが乳酸を生成する酵母菌と腐敗したバターに生じる酪酸に着目するまでは、乳酸菌は本格的な研究の対象にはならなかった。1873年、イギリスの外科医ジョセフ・リスターが、レンサ球菌（学名 *Streptococcus*）がミルクを凝固させることを発見した。そして、この凝固したミルクから分離した純粋培養菌を「バクテリウム・ラクチス（学名 *Bacterium lactis*）」と名づけた[37]。

メチニコフの研究は、そうした変化がとりわけ健康に役立つことを示唆していた。乳酸に腐敗を止める力があることから、メチニコフはこう考えた。「乳酸発酵が一般に腐敗を抑えるのに有効であるなら、消化管の内部でも、同じ目的に乳酸発酵を利用してもいいのではなかろうか[38]」。

メチニコフは、乳酸発酵が有益だということを示そうと研究を始めた。まず、サワーミルクを飲んでいる100歳以上の人々の例を求めて文献を徹底的に調べた。すると、フランスのヴェルダンに住むひとりの労働者が「1751年に111歳で死去するまで、生涯ずっとパン種を使っていないパンだけを食べ、スキムミルクだけを飲んでいた」ことがわかった。また、1838年に158歳で亡くなったと伝えられているオート・ガロンヌのマリー・プリウーという女性は、晩年の食事

ロビノー夫人という女性の写真。105歳の誕生日に撮影したと伝えられている。フランスの100歳以上の長寿は、イリヤ・メチニコフが長寿と発酵乳製品の関係を解明するために取り組んだ研究テーマのひとつだった。

はチーズと山羊のミルクだけだった。そして、カフカスの180歳（！）の女性は、メチニコフの調査によればまだ存命なうえ、家事をこなし、酒を控え、もっぱら大麦のパンとクリームを攪拌後に取り出したバターミルクを食べているという。メチニコフはこれらの例を疑問視されないようにするため、「バターミルクは多くの乳酸菌を含む液体である」と論文のなかで強調している。[39]「太古の昔から、人間は火を通していない状態のもの、たとえばサワーミルク、ケフィア、ザワークラウト、塩漬けのキュウリなど乳酸発酵をしているものを食べることによって、大量の乳酸菌を体内に取りこんでいる」と彼は言う。「これらの手段によって、人間は知らぬ間に腸内腐敗の悪影響を軽減しているのである[40]」。

怪しげな例もいくつかあったものの、発酵乳製品が健康に良いというメチニコフの説はおおむね受け入れられた。1919年、スペインのバルセロナでヨーグルト工場が稼働を開始した。イギリスの作家イーヴリン・ウォーの『一握の塵』（1934年刊行）では、登場人物のひとりが必ず毎朝「朝のヨーグルト」を口に運ぶ、とある。[41] 1970年代になると、ある広告の影響でメチニコフの説があらためて注目されるようになった。アメリカの医師で科学者のアレグザンダー・リーフが行った研究が、PR会社マーステラの幹部の目に留まったのがきっかけだった。リーフの研究は、ヨーグルトを多量に含む食事がジョージア（当時の国名は「グルジア」。ソヴィエト連邦構成国のひとつだった）の人々の長寿の秘訣だとするものだった。

これは広告に使える――大手食品会社、ダノン社の広告キャンペーンを請け負っていたマーステラの幹部は直感した。当時のダノン社は、主力製品のヨーグルトが販売不振に陥っていた。マーステラはさっそく外交ルートを通じてソ連政府からテレビコマーシャルの撮影許可を取った。ソ連政府は非常に協力的だったという。コマーシャルの撮影は1976年に行われ、1年後に放映が始まった。「グルジアの人々には不思議なことがふたつある」というナレーションでコマーシャルは始まる。重要なのは次だ。「彼らの食事の大部分がヨーグルトであること。そして100歳以上の人が多いこと」。ナレーションと同時に流れるのは、ジョージア人が畑を耕し、草木の手入れをし、馬に乗り、そしてもちろん、ダノンのヨーグルトを食べる映像だ。どの映像でも、そこに映る人々は高齢にもかかわらず背筋がぴんと伸び、かくしゃくとしていた。[42]

このキャンペーンの紙媒体の広告は、さらに簡にして要を得たものだ。伝統的な衣装をまとった高齢の女性がテーブルについている姿が描かれ、彼女が持つスプーンの先はダノンのヨーグルトの容器のふちのそばにある。手前には果物など健康に良さそうな食べ物の鉢が並んでいる。その下にあるのはこんなキャプションだ。「ソ連のグルジアに住む高齢のご婦人は、ダノンがすばらしいヨーグルトだとすぐにわかりました。だって137年間もヨーグルトを食べ続けているのですから」。鉄のカーテンの向こう側で撮影された最初の広告は、その質の高さも高く評価された。[43]

後日、広告に登場したジョージア人たちは、自称するほど高齢でもなければヨーグルトを熱心に食べているわけでもないことがわかった（当時の町や村の出生記録は、残っているとしてもかなり不完全だった）。それでも、この広告が与えたインパクトが大きかったことは事実であり、現在まで続くヨーグルトブームの発端であることに変わりはない。

ヨーグルトもまた、健康長寿の意識が高い人々に好まれる食品だ。しかも今はありがたいことに種類が豊富だ。近頃では普通のヨーグルト以外にも、ケフィア、スキル（アイスランドの発酵乳製品で、ギリシャのヨーグルトに似た粘り気があるが、風味はギリシャのヨーグルトよりマイルド）、ヨーロッパ発祥のマイルドな乳製品クワルクなどの商品が店の棚にぎっしりと並んでいる。

バラエティの豊富さは、大きな利益に結びつく。業界の予測では、ケフィアだけでも2025年には20億ドル以上の売上高になるといわれている。[44] もちろん発酵乳製品を多く食べたからといって、必ず100歳の誕生パーティができるとはかぎらないだろうが、そのような食事は現在の健康にも必ず役に立っている。だが最終章で見るように、健康的で幸せな生活と長寿は、凝乳たっぷりの食事を取る利点のうちのふたつにすぎない。

# 第7章　美味だが危険

## ソーセージや発酵食肉製品のメリットとリスク

朝の仕事が忙しい最中にリザが調理場にやって来ると、ふたりの手は挽き肉のなかで出会った。彼女はときどき仕事を手伝って、ぼってりした指で腸をつかみ、彼が肉や背脂を詰めるのを助けてやった。味付けがちょうどよいかどうか見るために、ふたりでいっしょにソーセージの生肉を舌先で舐めてみたりもした。

――エミール・ゾラ著『パリの胃袋』[1]（1873年）〔『〈ゾラ・セレクション〉第2巻「パリの胃袋」』朝比奈弘治訳／宮下志郎ほか責任編集／藤原書店／2003年より訳文引用〕

かつてチーズは貧しい人々から「白い肉」と呼ばれていたが、もっぱらチーズを食べて暮らしていた人々にとって、それは炭水化物ばかりの食事のバランスを取るのに欠かせないタンパク源だった。そして貧乏人が食べられる「本物の肉」と言えば、ソーセージやハムなど、発酵や塩漬けや乾燥や燻製といった何らかの加工をした製品だったはずだ。チーズ同様、こうした食肉加工品の多く

屋外で乾燥させている肉。ブラジルのマラニョン州で撮影。肉を乾燥させるという行為は先史時代からあった。つねに移動しながら生活していた人々にとっては、腐りやすいうえ入手に大変な努力を必要とする食物を保存するには、乾燥させるのが最善の方法だった。

は保存のために乳酸菌で処理されたものだったが、この「加工」「処理」というのが油断できなかった。チーズならば、たいてい軽く色が着くだけなので、何か不純物を混ぜようとしても限界があるのに対し、ソーセージやハムといった発酵させた食肉加工品は、有害で危険な成分が含まれている可能性があった。アメリカの農務省の職員がフードライターのウェイヴァリー・ルートにこう認めたことがある。「肉の加工品は汚染されやすいだけでなく、異物が混入しやすかったり、あるいは混入を隠蔽しやすかったりする。そうした加工品を私たちは手にしてきたのである[2]」。

食肉加工品に異物の混入や隠蔽が容易であることは、以前から言われていた。知らないほうがよい不快なものを「ソーセージの作り方」などと表現したりするが、この表現が生まれる前から事情は同じだったのである。これまでずっと、発酵させた食肉とは、作った人を信頼して食べるものか、あるいは反対にやけくそで食べるものかのどちらかであって、その中間はなかった。

定住して農耕を営むようになる以前の人類も、肉を加工して保存していた。40万年前、現在のテルアビブ（イスラエル）郊外のケセム洞窟内で、人類が動物の骨髄を保存するため、骨ごと洞窟内にしまっていたことが最近明らかになった。[3] テルアビブのような乾燥した温暖な気候だったからこうした方法も可能だったと思われるが、たとえば鹿や水牛の脚や腰部に含まれる骨髄を腐らせないでおくことは、普通は簡単ではなかった。そのためには、骨の水分を抜く、つまり乾燥させるのが手っ取り早かった。さらに、煙でいぶせば殺菌効果もあった。ただしこうした技術はまだ確立されておらず、そうした処理をしたつもりでも腐ってしまうことは多かったと思われる。

ゆっくりと、保存技術は進化していった。やがて人類は文明の曙を迎え、経済活動もだんだんに行われるようになっていくが、肉は高価でぜいたくな食べ物だった。これを食肉を提供する側から見てみよう。肉のどんな切れ端も使い切りたいと強く思っていたことは間違いない。歴史上初めてソーセージが出現したのはいつかということについては、学術的にはまだ確定していないが、約4000年前のメソポタミアで、細かく刻んで味付けした肉を腸に詰めていたことを示す証拠があり、また2500年前のバビロニアでは、そうした腸詰めを発酵させていたことがわかっている。

ソーセージ作りの技術が最も進歩したのは古代の地中海地域だった。[4] 古代ギリシャ人は驚くほど多様なソーセージを生み出した。その多くは豚肉をベースに、ハーブやスパイスで豊かに風味づけしたものだった。『オデュッセイア』のなかに、比喩としてソーセージについて言及している部分がある。イタケーに帰還したばかりのオデュッセウスが、自分が不在の間に妻のペネロペに求婚した者たちをどのように殺すかを考え続け、興奮して眠れずにいるようすを描写するたとえとして、「脂身と血」を詰めて作られたソーセージが火の上で「右に左に」転がされるように「右に左に」寝返りを打った、とある。[5]

初期のソーセージにはあらゆる種類の詰め物や香辛料が使われていたが、どれもバックスロッピング法で作られていた。レシピにもよるが、作ったソーセージの約5パーセントから25パーセントほどを取り置いておき、それを次に作るときに利用したのである。これほど多量の接種源を植えつけたのは、有害な微生物が侵入して蔓延してしまうのを防ぐためだった（少量作るだけならこれは確実な方法だ）。接種源には複数種の菌株が生息していたので、そのうちの1種類が死滅しても別の強い菌株がそれに代わるだけだった。

こうしたソーセージのなかで生育していたのはたいてい同種発酵性（ホモ型）の乳酸菌で、その多くはプランタルム菌（学名 *Lactobacillus plantarum*）だった。また、カゼイ菌（学名 *Lactobacillus casei*）とラクトバチルス・ライヒマニ（学名 *Lactobacillus leichmannii*）という有益な菌や、無害な酵母やカビ、有害な腸球菌やリステリア属菌（学名 *Listeria*）もあったかもしれない。それらの微生物の組み合わせがどのようなものだったのかは、さまざまな要素の微妙な働きによって違った。たとえば、原材料、環境、温度、空気の流れ、塩など添加物の存在などだ。[6]

サラミソーセージなどの自然乾燥するソーセージは、その表面の約95パーセントが微生物におおわれたときから熟成が始まる。自然乾燥が始まって約2週間でカビと酵母は同量になり、熟成が終わる頃にはカビが支配的な微生物となる。[7] この間、乳酸菌の働きで肉のpHが下がり、ほかの微生物が生存しにくくなる。こうして完成したものが――もし失敗作でなければだが――今も食べているようなものとそう変わらないソーセージだった。[8]

初期のソーセージから現代のソーセージまでの道は、ローマを経由する。ワインやチーズと同様に、ソーセージ作りの技術も古代ローマ人がパイオニアだ。ただし、ローマ人の創意工夫は必要に迫られてのことだった。神にいけにえを捧げるなどの宗教的儀式を行うと大量の動物の血が流されるが、それをソーセージに詰めたのだという（もっとも、病気にやられたラバの肉を詰めているのではないか、こっそり盗んだ肉を詰めているのではないか、などと疑われていたのは確かだ）。たいていは肉、血、脂肪、内臓で詰め物を作り、それを布製の漏斗を使って腸や胃に詰めた。こうして用意ができたら、有益な微生物が多い洞窟で発酵させ、カバノキかオークの火でいぶした。[9]

古代ローマのソーセージには2種類の形があった。太くて短い袋のような形のものと細長い形のものだ。紀元1世紀のローマの美食家アピキウスは両方のレシピを書き残している。太くて短いほうには固ゆで卵、松の実、タマネギ、リーキ、大量の血が加えられ、「ボテルム」と呼ばれた。細長いほうは「ルカニアン」と呼ばれ、ローマ人はこちらのほうを好んだようだ。アピキウスによれば、このルカニアンを作るには、コショウ、クミン、セイボリー（サボリー）、ヘンルーダの葉、パセリ、香辛料、月桂樹の実、リクアメンという魚醤《ぎょしょう》の一種を合わせてすりつぶし、肉の脂身と赤身――たいていは豚肉――と混ぜ合わせ、それを腸に詰めてから十分に細長く伸ばし、最後に煙でいぶす。ルカニアンはイタリア北部に多数あるソーセージの祖先だと言われており、その多くが

カルル・ヴェルネのエッチング『ソーセージ売り *The Sausage Seller*』(1861年)。発酵食肉製品としてはおそらく最も一般的でなじみがあるソーセージがバラエティ豊かなのは、ソーセージの原材料のブレンド具合のためばかりでなく、詰めてある肉にコロニーを作る特定のホモ型乳酸菌とケーシングにコロニーを作る菌類相のおかげでもある。

今も同じような製法で作られている。[10]

アピキウスが書いたようなソーセージは、ローマ帝国全土で食べられていた。宿屋や居酒屋は長いソーセージを天井の垂木《たるき》につるして熟成させ、腹をすかせた客にいつでも出せるようにしていた。通りではソーセージ売りが売り歩いていた。詩人のマルティアリスは、「ソーセージを入れた温かいナベを携えて歩きまわりながら大声で客を呼びこむパイ売り商人」の騒音について愚痴をこぼしている。[11] また、ペトロニウスの『サテュリコン』には、裕福な解放奴隷のトリマルキオが催す豪華な饗宴のようすが描かれており、そこで供されるごちそうのうちの一品が豚の丸焼きなのだが、この丸焼きに詰められているプディングとソーセージは、たぶんその豚の血と内臓で作られていたと思われる。詩人のオウィディウスが書いたピレーモーンとバウキスの老夫婦の物語でも、変装した神を客人として迎え入れる老夫婦の粗末な台所には、燻製したハムがつるされていた。

このようにソーセージはありふれた食べ物だったが、やがて土着の神々と関連づけられ、さまざまな儀式や祭礼で重要な役割を果たすようになる。皇帝ネロの時代（在位54～68年）に催されていた牧神パーン（ローマ神話ではファウヌス）に捧げるルペルカーリア祭では、裸体の若者たちが街路で踊りながらむちで女性たちを打つという風習があった。女性たちはむちで打たれると若さを保てると信じていたので、どうぞ打ってくださいとみずから願うとともに、大皿に盛ったソーセージを若者たちに差し出したという。しかしコンスタンティヌスが皇帝となりキリスト教に改宗すると、この騒々しいことこのうえない祭りと、これに欠かせないソーセージも禁じられてしまう。キリスト教徒は、ソーセージの思わせぶりな形にも、材料として使われていた血にも嫌悪感を抱いたので

アンドレア・カマッセイの『ルペルカーリア祭 *Lupercalia*』(1635年頃)。カンバスに油彩。古代ローマの女性たちが永遠の若さと美を求めたこの騒々しい祭りでは、ソーセージが主役級の食べ物だった。ただし、ソーセージが人気を博していたのはローマ帝国末期までで、その後、ソーセージもれっきとした料理だと見直されたのは中世半ばになってからのことだった。

である。とはいえ、キリスト教徒がいかに排除しようとしても、ローマ市民がソーセージを手放すことはなかった。この男根に似た食べ物はひそかに地下へと潜行し、いわゆる暗黒時代(中世初期)が終わるまで闇市場で盛んに売買され続けた。[12]

闇市場に追いやられることはあったにせよ、ソーセージが市場から消え去ることはなかったが、どんな気候の場所でも存在していたわけではない。ソーセージをうまく作るには、湿度が低く太陽光がたっぷり降り注ぐような環境が必要だった。とりわけヨーロッパの最北の地ではソーセージ作りは難しかった。当然、そうした地域では別のものに目が向けられた。たとえばノルウェーには「フェナロー」という羊肉のハムがある。フェナローを作るには、塩漬けした羊のモモ肉を空気の流れを調節しやすい場所につるし、肉を柔らかくするカビを増殖させる。その後、燻製し、湿度が高くなっても肉を腐敗させる微生物が増えないようにしてから、伝統的な高床式の貯蔵庫で乾燥させる。3000年前のノルウェー西部の羊飼いはフェナローを食べていたし、ヴァイキングもフェナローを食べていた。ヴァイキングにとって、フェナローは過酷な船旅にも持っていける重要な食べ物だった。原料の羊肉の味がはっきりと感じられる、濃い赤色をしたフェナローは、たいていパン種を入れていないクリスプブレッド、卵、そしてビールと一緒に食卓に上った。[13] 岩が多く日照時間が短い北欧では一般的に農業や畜産は難しいが、比較的飼育しやすい羊の肉でつくるフェナローは、何千年にもわたって北欧の食事で重要な役割を果たしてきた。

北欧のそうした厳しい環境は、大小の島々に住んでいる人々にとっても同じだった。アイスランドもノルウェー同様に畜産は牧羊が中心で、羊の肉をホエーに漬けたり乾燥させて燻製にしたりしてきた。そうした乾燥肉・燻製肉の一種が、「ハンギキョート」という祝祭用の伝統的な肉料理だ。これを作るには、まず新鮮な羊肉をレッグ（モモ肉）、ショルダー（カタ肉、半身の前部）、ラック（骨付きリブロース）、フランク（バラ肉）に切り分ける。各部位を水洗いし、塩漬けしてから2週間から3週間かけて燻製にする。これらの作業はたいてい台所で行い、燻煙するときに燃やすピート（泥炭）、羊のふん、バーチ（カバノキ）がそれぞれ独特の風味を与える。いぶし終えた肉は小屋などに運んでつるして乾燥させ、来るべき祝い事に備えて貯蔵する。[14]

気候が厳しければ厳しいほど、発酵肉は重要な栄養源となる。フィンランドの最北部に住むサーミ人にとってトナカイの肉は必需品だが、彼らはこのトナカイ肉を海塩と乳酸菌で発酵させてから、

伝統的製法で乾燥しているアザラシ肉。カリブー、クジラ、セイウチといった北極地方全域に住むほかの動物と同様、アザラシの肉もその環境で増殖できる微生物を利用して発酵させる。

ハンノキやバーチやジュニパー（セイヨウネズ）を使って長時間低温で燻蒸した（冷燻《れいくん》）。グリーンランドの主要な食べ物も、先住民族イヌイットの狩猟文化を反映したものだ。クジラ、アザラシ、セイウチ、カリブーなどの肉を木製の棒にひっかけて高いところにつるし、数週間かけて乾燥させてから貯蔵する。これは完全な自然発酵で、塩すら使用しない。イヌイットはこうした動物の赤身と脂身を革袋に入れ、小石だらけの海岸に埋めることもあった。数週間から数か月間埋めておき、袋の中身を発酵させるのだ。[15] アラスカにも同じような食べ物があり、いみじくも「スティングヘッド（臭い頭）」と呼ばれている。キングサーモンの頭部を地中に埋め、数か月かけて発酵させたらすりつぶして食べる。

　スティンクヘッドのような魚の発酵食品は世界中に存在する。歴史的にはごく最近まで、魚とは豊富に取れるが腐りやすく、もっぱら貧しい人々が食べ、保存が何よりも重要な食べ物だった。魚を発酵させれば、普段の食事では不足しがちだが必須な栄養素とタンパク質を取ることができた。発酵の過程で、酵素と微生物の働きによって、タンパク質と脂肪とグルコース（ブドウ糖）がペプチドとアミノ酸、脂肪酸、乳酸に変わる。[16]

塩分の高い食材には、高い塩分濃度にも耐えられる細菌だけが生育する。どのような種類の細菌が住み着くかは、発酵の進み具合で変わる。発酵が始まって20日ほどたつと、ラクトバチルス属（学名 *Lactobacillus*）、レンサ球菌属（学名 *Streptococcus*）、ペディオコッカス属（学名 *Pediococcus*）の菌種が支配的になる。[17] 魚の水分量にもよるが、適切に発酵が進めば、非常に栄養価が高いペースト状のものか液状のものができる。しかもこれはグルタミン酸が多いので「うまみ」も豊かだ。

世界各地にある魚の発酵食品には、それぞれ独自の工夫が加えられている。たとえば、魚を塩漬けして発酵させるスーダンの「フェシーク」を作るときには仮小屋を建てる。その小屋のなかで新鮮な魚を丸魚（尾頭付きの魚）のまま洗い、塩をまぶしてから、マットの上に何層にも重ねて並べるか、バスケットや穴を開けたドラム缶に詰める。3日間から7日間寝かせて十分に発酵が進んだら魚を取り出し、もっと大きな発酵容器に移して塩を加える。ふたをしてから重石を置き、さらに10日間から15日間寝かせて発酵させれば完成だ。発酵によって食感が柔らかになり、銀色の光沢と刺激的な香りを帯びたフェシークは、缶詰か袋詰めにして出荷する。[18]

当然ながら、アジアにも魚の発酵食品がたくさんある。インドネシアの「バカサン」という伝統的な魚醤は、小魚やカツオの内臓を大量の塩と混ぜたものを10日間から15日間天日干ししてから、

コメと付け合わせを添えたプラホック。「カンボジアのチーズ」とも呼ばれるプラホックは、作っているところを見たら食欲がひどく減退してしまう。ただし、3週間から3年間かけて熟成させると、独特の香りと味が出る。このため伝統的に人気のある食品になった。

約30日間発酵させて作る。フィリピンの「パティス」もバカサンに似た魚醤だ。こちらは最大2年間熟成させる。カンボジアには「プラホック」というペースト状の食品（塩辛）がある。これは、いわゆる泥魚（泥のなかにいる魚類）やシルバーグラミーという魚を洗ってうろこを取り、内臓を取り除いたもので作る（シルバーグラミーはラオス料理でよく使われる魚）。プラホックを作るには、まず魚を足で踏み潰し、天日干ししてから大きな陶器の壺に詰め、竹製のカゴをふたとしてかぶせ発酵させる。3週間ほど発酵させれば食べられるようになるが、最高級となると3年間も寝かせておく。その強烈なにおいのために「カンボジアのチーズ」とも呼ばれるようになった。牛肉に添えたり、ディップとして食卓に出すことが多い。

どのような動物の肉を発酵させるにしても、最終的に出来上がった発酵食品には毒性という不安がつきまとう。動物性の発酵食品が腐敗した場合の毒性はパンやビールやワインやチーズの微生物以上に致命的であり、しかもそれが刺激的な風味の場合は特に注意が必要だ。それが腐っているのか発酵しているのかがわかりにくいことが多いからである。10世紀、ビザンティン帝国の皇帝レオ6世が、食中毒の発生を受けてブラッドソーセージを禁止したことがある。この種の食中毒は以前からたびたび発生し、似たような症状——呼吸困難、発話が不自由になる、目のかすみなど——が確認されていた。動物性発酵食品が原因ではないかと疑われたが、なぜ具合が悪くなるのかについてはまったく不明だった。皇帝は、ともかく食中毒の予防や治療のための法律を制定したわけだが、あまり効果はなかったという。

突破口は19世紀になって見えてきた。ドイツの医官ユスティヌス・ケルナーによる、肉の腐敗と中毒の関係の研究である。1820年、ケルナーは27年前に地元のヴュルテンベルクで発生した食中毒事件に注目する。この事件では、ソーセージを食べた76人が体調を崩し、37人が死亡していた。被害者が食べたソーセージは太くて重いソーセージで、ケーシングには腸ではなく胃を使っていた。ケルナーは、その大きなケーシングに詰めてあった肉は水分が多すぎ、伝統的な製法に従って家庭用の煙突でいぶしはしたが、完全な燻製にはなっていなかったことを突き止めた。そしてこのソーセージのサンプルから、病原体と思われる物質を抽出することに成功した。こうして1822年、

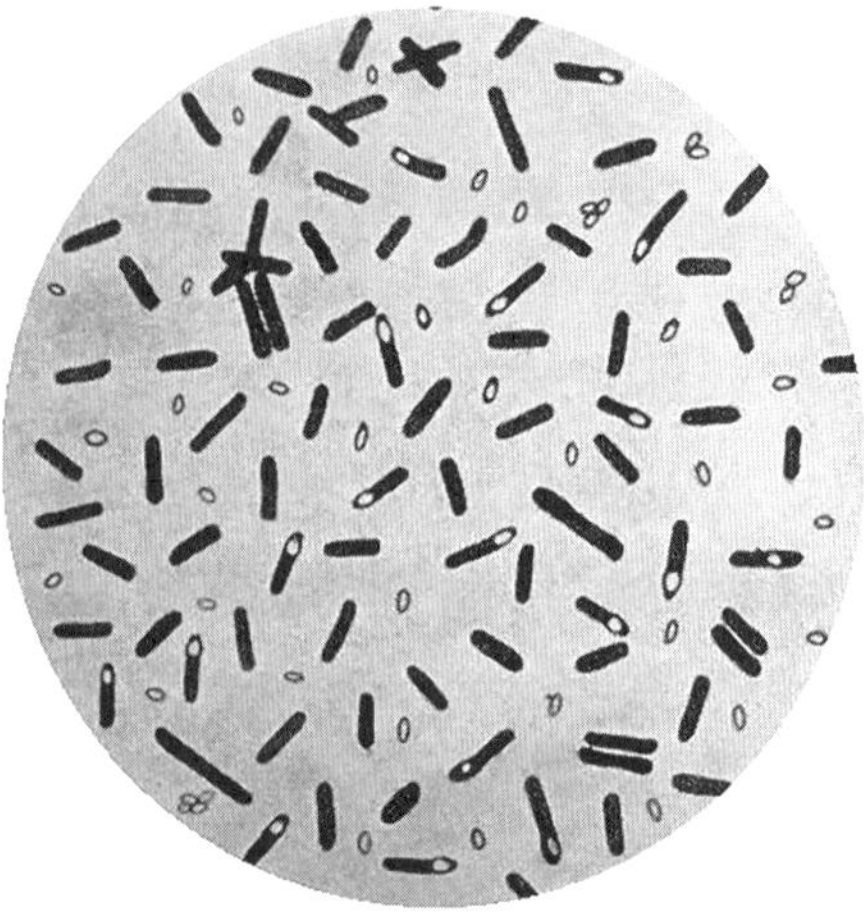

ボツリヌス菌（学名 *Clostridium botulinum*）のコロニー。この命にかかわる微生物は20世紀に入ってもまだ食肉缶詰に潜む危険因子だった。特にブリキ缶に入った発酵食肉製品が危なかった。有益な細菌の結果（発酵）なのか、それとも有害な細菌の結果（腐敗）なのか、確信できなかったからだ。

ソーセージの食中毒に関する初めての体系的な研究が発表された。なお、ケルナーは当時の実験主義者特有の勇気の持ち主で、自説の正しさを確認するために、その病原体と思われる物質を自分に注射している。実際に体調が悪くなったが、命を落とさずにすんだ。

後になってわかったことだが、ケルナーが抽出に成功したのはボツリヌス菌中毒の原因物質だった[19]。原因菌のボツリヌス菌（学名 *Clostridium botulinum*）は、発酵中の動物の肉で増殖する。ボツリヌス菌にとっては適度に温かくて酸性度が低い、住みやすい環境だ。ケルナーの発見は、ヴュルテンベルクで愛されているソーセージの製法に変化をもたらした。だが、公衆衛生上の懸念が払拭されなければ、発酵食肉製品の大量生産を推進することはできなかった。ソーセージを大量生産すること自体や、輸送しても品質が劣化しないソーセージを作る製法だけが問題だったわけではなく、製造現場の衛生管理、包装容器、輸送時の状態といった課題についても解決する必要があった。たとえば1880年代には、ドイツからイギリスへ大量のソーセージが輸出されており、そのうちのかなりの量が輸送中に腐敗していた。ある著名なイギリス人医師が記録した事件では、42歳の庭師が缶詰のドイツ製ソーセージを食べると突然体調を崩し、吐き気、ほおの紅潮、悪寒、呼吸困難を起こしたという。そして、この症状が8日間続いたすえに死亡した。[20]

この庭師の食中毒事件のほかにも同様の被害は数多くあり、研究のすえ行きついたのは、溶かした脂肪に浸してから「スズめっき加工した鉄製の円筒」に入れたタイプ──つまり缶詰めのソーセージが原因だという結論だった。[21] ところが、有害なのはソーセージだけではないことがわかってきた。たとえば、1891年にイングランドのポーツマスで13人が食中毒を起こしたのはミートパイが原因で、1878年に食中毒で3人が死亡したのは豚のモモ肉が原因であることがわかった。[22] 1878年の事件では購入した場所も問題視された。店員が問題のモモ肉を保管していた場所は、なんと「食料貯蔵室という名目」の「階段の下」だったことが判明した。その場所は「換気装置によって犬小屋に通じていたうえ、その犬小屋は一度も掃除されたことがなかった。また、その反対側は行き止まりの側溝で、そうした側溝がたいていそうであるように、汚水が悪臭を放っていた」[23] という。

犬小屋や「行き止まりの側溝」がブタのモモ肉による食中毒にどの程度関係したのかはともかく、不衛生な環境が肉の劣化の原因だと見なされるのは、当時はよくあることだった。これはあながち見当違いではない。アメリカの小説家アプトン・シンクレアは、1906年の小説『ジャングル』

SPLITTING
BACKBONE
SWIFT & COMPANY
265 Splitting backbones and final inspection — hogs ready for
cooler, Swift & Co., Chicago, U.S.A.

シカゴのスウィフト社の食肉加工工場で検査中の食肉検査官。小説家アプトン・シンクレアをはじめとする社会改良家が、衛生管理の無視など食肉加工業界に蔓延する悪弊に光を当てた。当時は食肉加工工場もその製品もあらゆる有害な微生物だらけだった。だが、アメリカの社会改良家たちが勝利し、1906年には純正食品薬品法など関連諸法が成立した。

［大井浩二訳／松柏社／２００９年］で、アメリカの食肉加工業界の言語道断な実態を暴露して有名になった。「ソーセージに何が刻みこまれるかについても、まったく無関心だ」とシンクレアは書いている。「廃棄された古いソーセージがはるばるヨーロッパから返品されてくると、そのカビが生えて白くなったソーセージは[24]」廃棄されるのではなく、「ホウ砂とグリセリンを添加されて、ホッパーに投げこまれ、国内消費のために再製品化される」のだという。[25]こうして作り直されたソーセージに好ましい原材料が加えられることはなかった。「作業員が歩き回って、無数の結核菌を吐き散らした、泥とおが屑まみれの床の上に」転がり落ちた肉でも、「ネズミの乾いた糞」でも、「泥、錆、古釘、汚水」でも、そのほか廃棄物用の樽に放りこまれたものでも何でもかんでも、ソーセージに混ぜこまれた[26]［『ジャングル』大井浩二訳／松柏社／より訳文引用］。

シンクレアの読者は、ドイツの政治家オットー・フォン・ビスマルクのこんな名言の背後にある気持ちをおそらく理解したはずだ。「法律はソーセージのようなものだ。それが作られているところは見ないほうが良い」。だが結局、ソーセージが安全な食べ物になったのはその法律のおかげだった。アメリカで１９０６年に成立した純正食品薬品法（Pure Food and Drug Act）が、この言語道断きわまる行為に歯止めをかけた。そして、製造業者に法律を遵守させる一助となったのが『食肉の保存処理とソーセージ作りの秘訣 *Secrets of Meat Curing and Sausage Making*』などの書籍だった。この本は新しい食品法のもとで行う食肉の保存処理と発酵を概説したもので、序文にはこうある。

本書では、あらゆる種類の食肉を取り扱うための処方と規則、あらゆる種類のソーセージを製造するための処方と規則を記している。いずれも食肉加工場の専門家や化学者として食肉加工業のあらゆる段階について生涯にわたり研究を続けてきた著者陣の長年の経験の成果である。[27]

ただし、専門家や化学者の指導が清潔で安全な食肉加工の推進におおいに役立つはずだとしても、実際に業界がソーセージなどの発酵食肉製品の安全な大量生産方法を考案したのは、1942年になってからのことだった。それまでにも、ドライソーセージやセミドライソーセージ、ハムを作る菌株の分離は行われていたが、研究室の環境下ではそうした細菌をうまく働かせることはできずにいた。そこで、研究者は別の菌種の分離に目を向けることにした。すると、ペディオコッカス・セレビシェ（学名 *Pediococcus cerevisiae*）が優良な菌になりそうだとわかった。この菌はふつうは食肉の発酵に関与しないが、1950年代にアメリカで最初の食肉用スターター培養菌として導入された。そしてその後の数十年間で、もっと実用的なラクトバチルス属菌（学名 *Lactobacillus*）のスターター培養菌の生産をするための研究が行われた。[28]

現在のアメリカでは、発酵ソーセージのスターター培養菌はほぼ乳酸菌だけと言ってよい。乳酸菌で作るこうしたソーセージは、高温・短時間で発酵する（追加の安全策として、その後に加熱するタイプのソーセージもある）。一方、ヨーロッパのソーセージ製造業者はアメリカとは異なり、3種類の微生物――ブドウ球菌（学名 *Staphylococcus*）、マイクロコッカス属菌（学名 *Micrococcus*）、コクリア属菌（学名 *Kocuria*）――を使い、低温で長時間かけてソーセージを発酵させるという製法を採用している。[29] とはいえ、アメリカ式とヨーロッパ式の製造方法に温度、時間、微生物などの

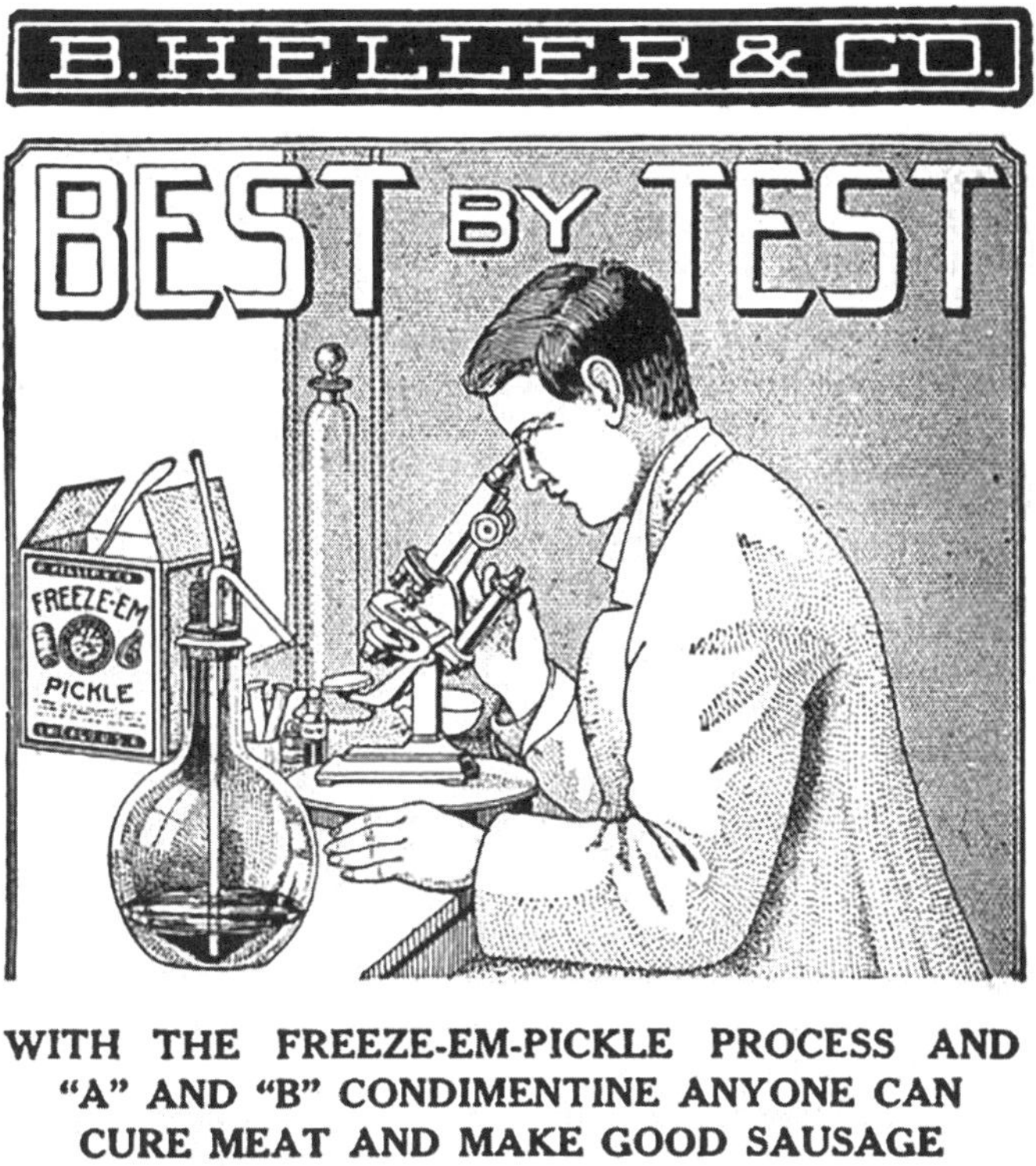
B. HELLER & CO.
BEST BY TEST
FREEZE-EM
PICKLE
WITH THE FREEZE-EM-PICKLE PROCESS AND "A" AND "B" CONDIMENTINE ANYONE CAN CURE MEAT AND MAKE GOOD SAUSAGE

20世紀初頭の業務用のソーセージ用スターターの広告。ほかの発酵食品と同様に、食肉加工品やソーセージの業界も科学の進歩を取り入れるようになった。研究者は発酵に不可欠な細菌を分離し、そうした細菌の商業化を実業家にゆだねた。その結果、安全性が確保されたが、店頭には似たような規格品ばかりが並ぶことになった。

違いはあるものの、大体において工場製のソーセージには、小規模生産のソーセージを特徴づけている深くて複雑な風味はない。たとえば、今のアメリカの市場はペパロニやそのいとこ分のサマーソーセージ（冷蔵不要の乾燥・燻製したソーセージ）が席巻しているが、消費者はその風味だけでブランドを見分けろと言われたら困ってしまうだろう。

だが現在は幸いなことに、小規模生産の発酵食肉製品が復活している。そして政府の監督のおかげもあり、消費者は安心してソーセージを口にできる状況にある。ほめられたものではないような原材料もまだ少しは使われているようだ――たとえばホットドッグには謎めいた細切れが入っていたりする――が、ソーセージ産業とは金銭的利害関係がない当局が存在するので、かつては美味だが危険だったこの食品も、信頼して食べられるようになった。いやそれどころか、いわゆる「アーティザナル」な伝統製法のソーセージが成功していることは、官庁等による監督と指導が功を奏しているというだけでなく、食品科学が正しく応用されていることを示す証拠だと見なしてもよいかもしれない。現在、これまで見てきたような衛生面と生産面の発展のおかげで、ソーセージなどの発酵食肉製品は本来の姿に戻ることができた。ソーセージが作られているところを見てもよい時代に、ようやくなったということだろう。

# 第8章 発酵の最新栄養学
## 発酵食品の現在と未来

健康の秘訣は、発酵だった。
——ルース・ライクル[1]

パン、ワイン、ビール、ピクルス、ソーセージ、チーズ……こうした発酵食品は大昔から、飢饉のときも、古代の王国を建国するときも、工業都市を建設するときも、人間に栄養をもたらしてきてくれた。貿易の重要な品目に、一方で大航海時代の搾取を実現するための道具にもなってきた。また発酵食品は、無数の人々を食料難から救った。発酵、そして食品の保存全般は、私たちの先祖にしばしの食糧安全保障をもたらし、そのおかげで先祖たちは、次の食事の心配以外の関心事にかかわることができるようになった。

そうした世俗を超越した関心事の一部が、科学的な探究となった。自然の——そして人間自身の——最深部まで研究することで、私たちの食べ物や私たちの体内に住む、目には見えない微小な有機体の全領域が明らかになってきた。もしかすると、人間の体内が最も理想的な発酵容器なのかもしれない。人間の消化器系という地上で最も複雑な生態系のひとつには、そうした微小な生物が無数に住み着いていることが近年の研究で明らかになってきている。[2] たとえばアメリカ人の内臓には約1200種の微生物がいて、宿主《しゅくしゅ》に栄養を与えると同時に、宿主から栄養を得ている。[3]

この仕組みは、私たちがこの世に生まれ出てくる前から働いている。母親の胎内にいる胎児は、母親の羊水、胎盤、腸、産道から微生物を受け取る――豊かで多種多様なマイクロバイオーム（微生物叢《そう》）すべてを、だ。[4] 生まれたばかりの新生児は母親の母乳を飲むたびに、やはり豊かで多種多様なマイクロバイオームを増殖させる。

そして4歳になる頃には腸内のマイクロバイオーム（腸内フローラ）は十分に発達した状態となり、この後は、腸内に住む微生物の数はかなり安定したまま過ぎていく。つまり、消化管に微生物が定着する。だが、その微生物が腸内にどのくらい長く定着するかは、その人の食生活と抗生物質の使用状況に左右される。[5] 健康な成人の腸内フローラの約8割は4種の優勢な細菌門に属している。グラム陰性のバクテロイデス門（学名 *Bacteroidetes*）、グラム陰性のプロテオバクテリア門（学名 *Proteobacteria*）、グラム陽性のアクチノバクテリア門（放線細菌門）（学名 *Actinobacteria*）、グラム陰性のフィルミクテス門（学名 *Firmicutes*）だ。[6] だが、ある種の食生活を送るとこの比率が変わることがある。たとえば脂肪分が多く食物繊維が少ない食事はフィルミクテス門とプロテオバクテリア門の細菌が増えるが、脂肪分が少なく食物繊維が多い食事はバクテロイデス門の細菌が増える。[7] ヨーロッパで行われた比較研究のひとつに、典型的な西洋風の食事をしている子供たちの腸内フローラと、地元で伝統的に食べられている食物繊維たっぷりの食材を使った食事を食べているアフリカの田舎に住む子供たちの腸内フローラを比較するというものがあった。調査の結果、アフリカの子供

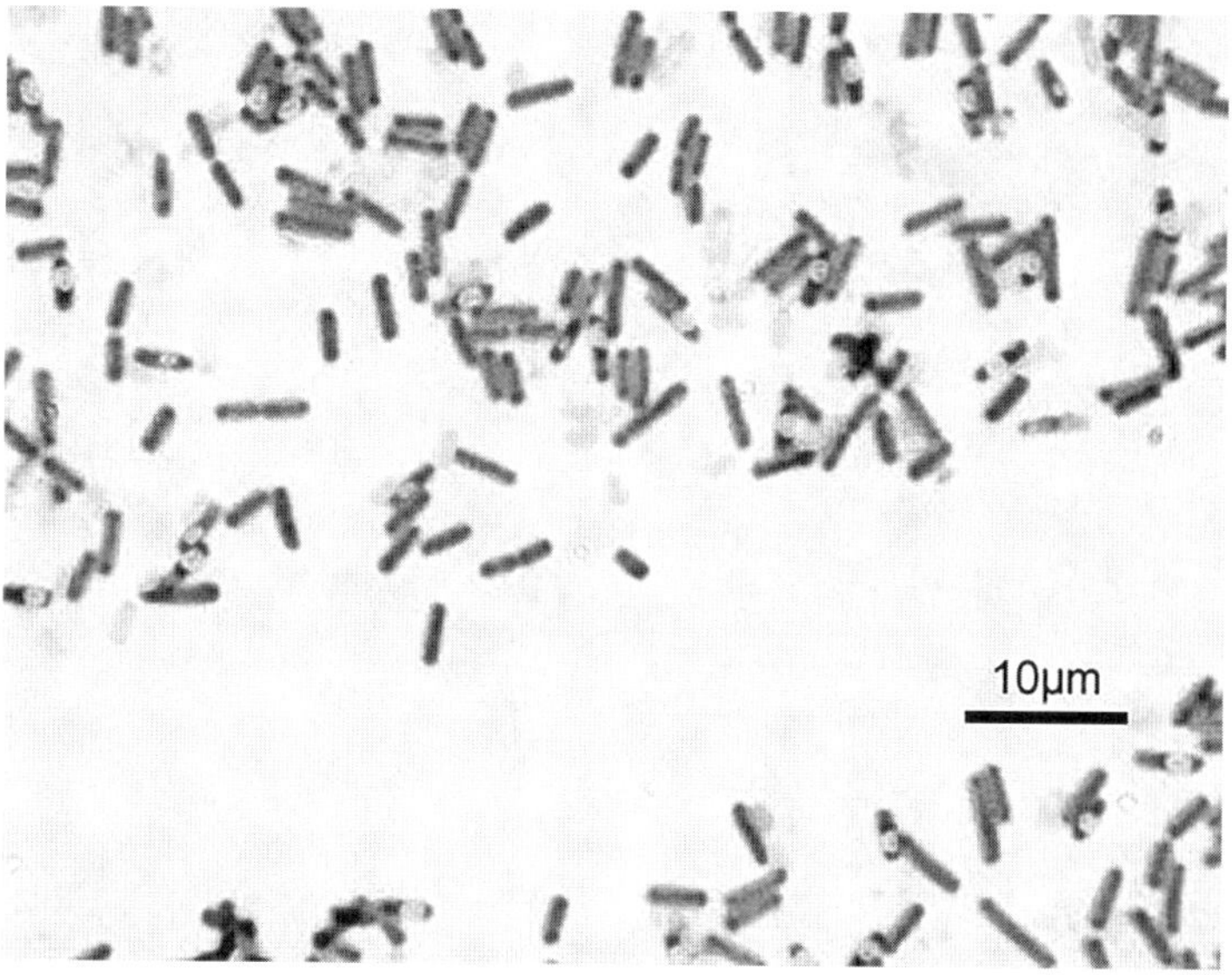


フィルミクテス門（学名 *Firmicutes*）の細菌のコロニー。脂肪分が多く食物繊維の少ない食事をしている人の腸内で多くなる細菌。

たちの腸内フローラのほうにバクテロイデス門の細菌が多く存在したうえ、プレボテラ属（学名 *Prevotella*）の細菌とキシラニバクター属（学名 *Xylanibacter*）の細菌も多くいたことがわかった。そして予想通りかもしれないが、脂肪が好きなフィルミクテス門の細菌はごくわずかしか存在していなかった。[8]

腸内細菌にフィルミクテス門が多いか、それともバクテロイデス門が多いかは、病気になりやすいか、健康でいられるかを左右することになる。この研究で取り上げたアフリカの子供たちの腸内で優勢だった細菌は、食物繊維から最大限のエネルギーを摂取して、炎症や感染から守る。[9]だが、健康でいるためには伝統的な食物だけを食べるべきだというわけではない。人はそれぞれ、腸内フローラが幾通りにも作用して、全身の健康に良くも悪くも影響する。腸内フローラは主としてセルロースやペクチン、ガム質、レジスタントスターチ（難消化性デンプン）などの難消化性炭水化物を発酵させて短鎖《たんさ》脂肪酸に変えるが、ほかにも働きがある。[10]研究によると、人間の腸内フローラはビタミンBとビタミンKを合成し、免疫システムを強化し、アレルギーを防ぎ、感染症や心臓病や癌を予防するという。また、腸内フローラが体重を増加させることもあれば減少させることもある。[11]生命の維持に不可欠な器官に似て、腸内フローラの健康状態は、元気な長寿をまっとうする人生と、病気がちで短命な人生との違いをもたらす。

幸いなことに、私たちは不健康に陥る寸前になっても、比較的簡単にしっかりした健康を取り戻すことができる。ほんの少し食事を変えるだけで腸内フローラの構成が変わることがあるのだ。

２０１４年、「ヒューマン・フード・プロジェクト」のウェブサイト・キーパーのジェフ・リー

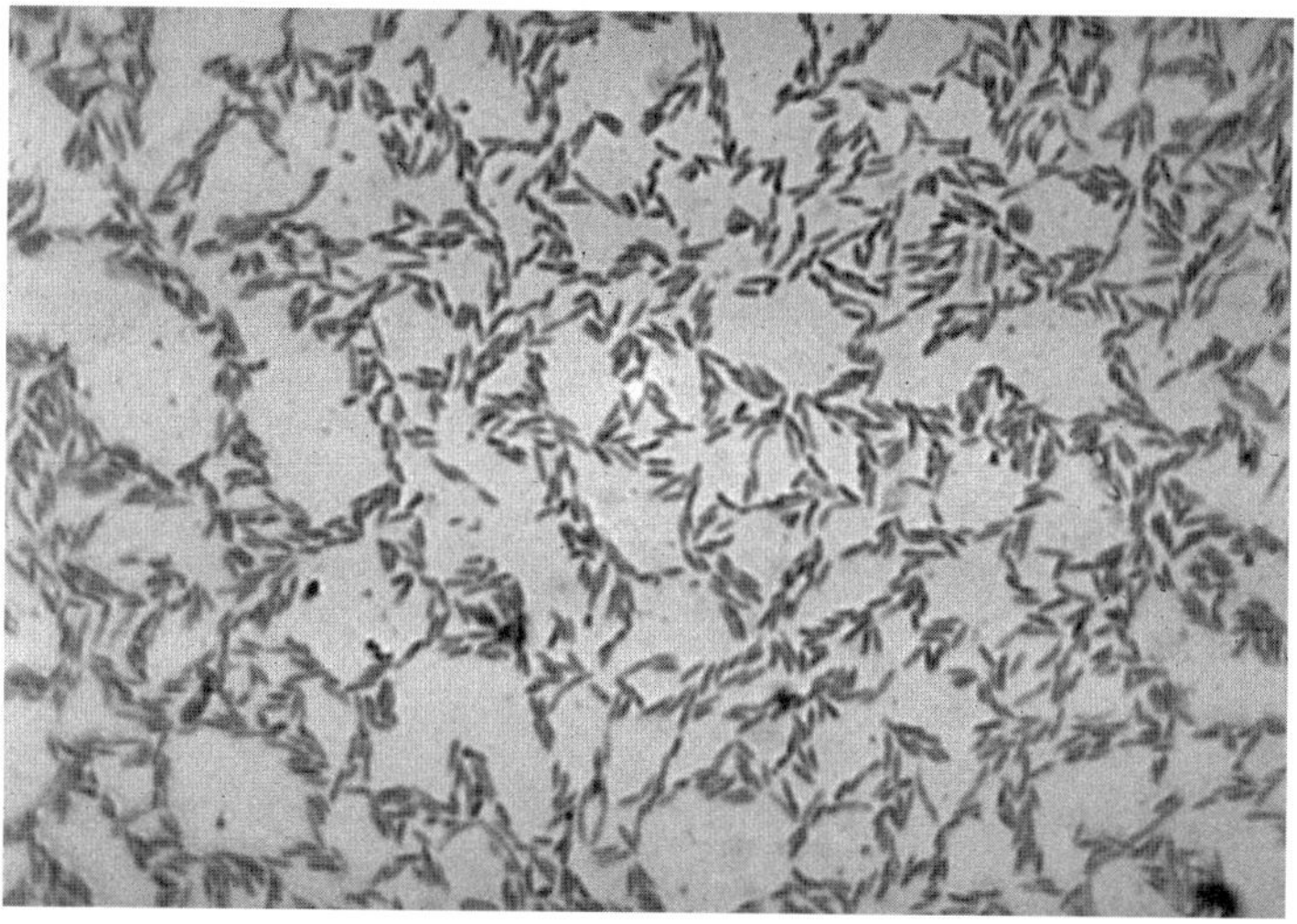

バクテロイデス・ビアクティス（学名 *Bacteroides biacutis*）。人間の健康と消化に役立つ多くの腸内フローラのひとつ。最近の研究によって、適切な食事と健康的な腸内フローラの関係についての知識が進歩した。

チは、その変化を身をもって体験した。彼の記録によると、炭水化物が少なく動物性タンパク質の多い食事を取っていたのを、動物性タンパク質も食物繊維も多い食事に変え、最後に、炭水化物が多く肉の多い食事にしたという。当初、彼はルイジアナ州ニューオーリンズに住んでいた。そこでは肉中心の食事になりがちだったので意識的に食物繊維を多く取るようにした。これが変わったのは、テキサス州西部に引っ越してからだった。彼はそれまでと同じように肉を食べ続けたが、食物繊維をあまり取らなくなった。検便をしてみると、このテキサスに住んでいた時期の便は、微生物的に言えば「まったく別人のよう」に見えたという。ニューオーリンズでは、彼の腸内フローラはバクテロイデス門が支配していた。ところがテキサスに来て2週間か3週間そこらで、フィルミクテス門の細菌が腸内を乗っ取った。しかも、健康な腸に多いビフィズス菌（ビフィドバクテリウム属）（学名 *Bifidobacterium*）の細菌も減っていた。

ビフィズス菌が減少した理由についてリーチは、タマネギやニンニクやリーキなどの不溶性食物繊維が豊富な食べ物を食べなくなったせいだろうと考えた。リーチの引っ越しで犠牲になったのは、バクテロイデス門の細菌とビフィズス菌の2種だけではなかった。彼の腸内細菌は、テキサスに来てから種類が半減していた。「生態系の基本が教えてくれるように、多様性が損なわれた腸内フローラは変動からの回復力が弱くなり、その人を不健康な状態に近づける可能性がある」とリーチは言う。[12] 腸内細菌が減少していたら彼はもっと危険な目にあっていたことだろう。

100年以上前にイリヤ・メチニコフが発見したように、乳酸菌は健康を増進する効果が高い。亜種のラクトバチルス・デルブリッキィ（学名 *Lactobacillus delbrueckii*）はヨーグルトとチーズに含まれ、ブルガリクス菌（学名 *Lactobacillus bulgaricus*）は抗生物質の副作用としての下痢を減らし、乳糖不耐症の症状を緩和するのに役立つ。同じく発酵乳製品に含まれるカゼイ菌（学名 *Lactobacillus casei*）は、免疫システムを活性化させ、研究によれば、膀胱がんの再発を予防する可能性もある。ラクトバチルス・ジョンソニー（学名 *Lactobacillus johnsonii*）は炎症を抑えるだけでなく、経口ワクチンに対する反応を向上させ、胃潰瘍の一因とされるピロリ菌（学名 *Helicobacter pylori*）のコロニーを縮小させる。[13]

このように腸内フローラの豊かさが健康と関連することから、無数のプロバイオティクス製品「プロバイオティクスとは、腸内フローラのバランスを改善することにより人に有益な作用をもたらす生きた微生物」が開発されるようになった。2024年には世界市場で660億ドルにも達すると予測さ

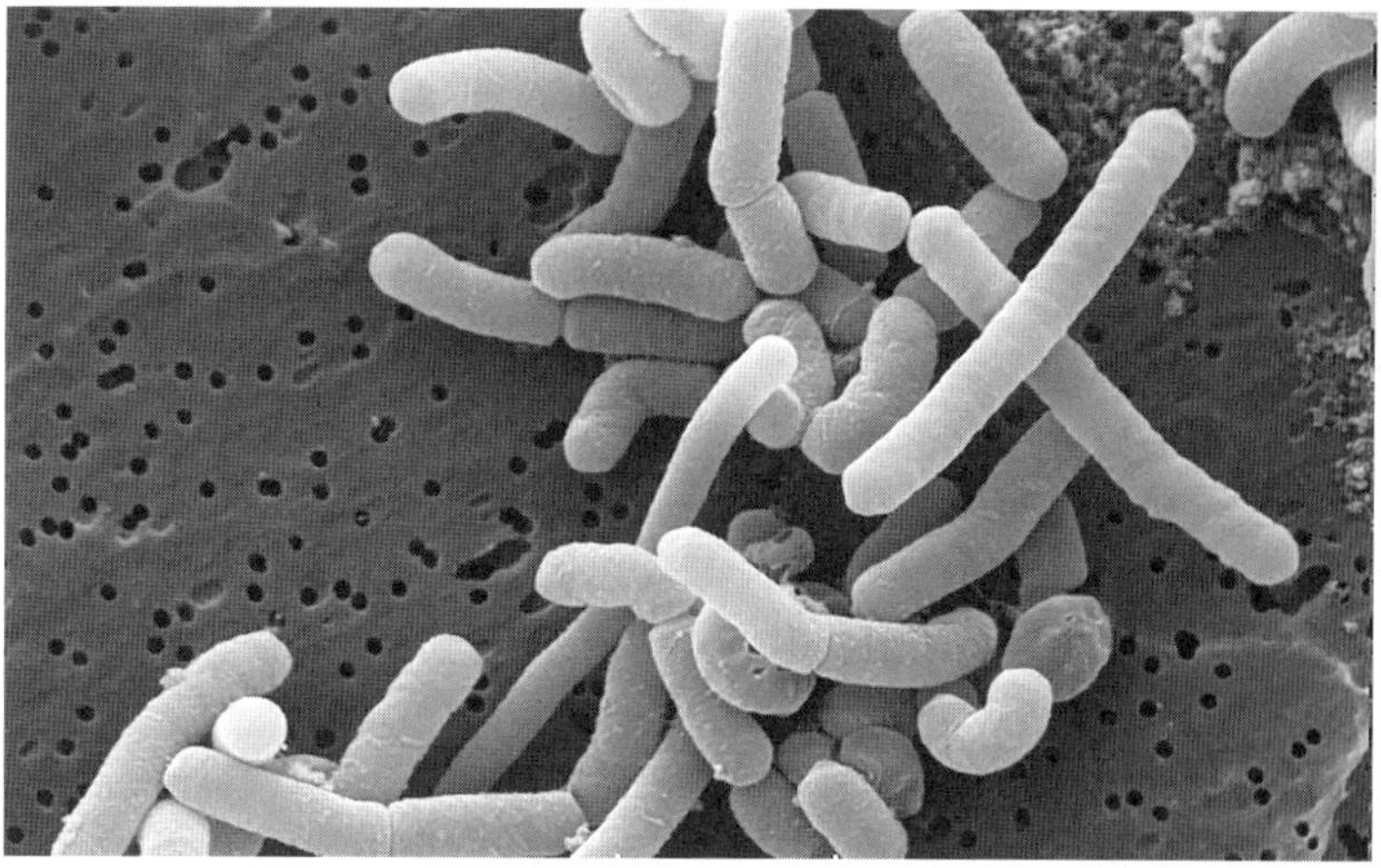

ラクトバチルス・パラカゼイ（学名 *Lactobacillus paracasei*）。最近シンガポールでは、善玉の腸内細菌を利用して芳醇なビールを造ろうという試みが行われた。この試みは、時間をかけて醸造すればよいとわかったことが成功をもたらした。そうして完成したビールは、健康的というだけでなく、強い風味も魅力的だった。

れているプロバイオティクス製品には、食品、飲料、ニュートラシューティカルズ――栄養面以上に健康上のメリットがある食品（機能性食品と呼ばれることもある）――などが含まれる。[14] 腸内の健康に関心がある消費者なら、今もたとえば、プロバイオティクスのグラノーラやマーガリンやブラウニーミックスやオレンジジュースなどを選んで買っていることだろう。

科学者であれば、このリストはもっと長いかもしれない。とくに有望なのは、成人向けのプロバイオティクス飲料の進歩だ。ブラジルの研究者は、ケフィア――ヨーグルトに似たカフカス発祥の人気がある発酵乳製品――を糖蜜の培地で培養し、その培養菌をビール用モルト（麦芽）の発酵に利用した。[15] シンガポールでも、ラクトバチルス・パラカゼイL26株（学名 *Lactobacillus paracasei L26*）という人間の腸から分離された乳酸菌を利用してビールを醸造する研究が行われている。毒素とウイルスを中和でき、免疫システムを整えることができるラクトバチルス・パラカゼイは、麦汁の糖分を食べて、鋭い酸味のあるビールを造る。研究者たちはゆっくりと時間をかけて醸造することとアルコール濃度を3・5パーセントという低い濃度に保つことによって、この乳酸菌を保存した。[16]

こうした善玉菌は摂取したいが乳製品やビールなどの食品に頼りたくない消費者には、別の選択肢もたくさんある。プロバイオティクスのサプリメントには、さまざまな軽い体調不良に効く菌や大量の生菌が含まれており、後者は「コロニー形成単位」(略称CFU)で数量が表示されている。そのサプリが錠剤であれ飲料用の粉末であれ、甘味を加えたグミや液体であれ、どのサプリも、消化促進からライフスタイルの充実にいたるまであらゆることを「1日24時間、週7日間」サポートするとうたっている。そして、とても手が出ないほど値段が高いことが多い。

プロバイオティクスのサプリメントが法外に高いことについては一度よく考えてみるべきだが、もうひとつ、本当に効果があるのかというのも問題だ。プロバイオティクスの菌株をひとつかふたつ選び出すだけでは、その菌が体内でどのように働くか微妙な違いを見逃すことになりかねない。菌が健康に及ぼす影響は、その菌種だけに特有の影響もあれば、一定の服用量あるいは特定の菌株に特有の影響もある。[17]錠剤か粉末にして売るために1種類か2種類の菌株を分離すれば、それらの効能を左右するもっと幅広くて複雑な相互作用の範囲からそれらを引き離すことになるかもしれない。効能は、微生物の特定の種や株の摂取によるものもあれば、特定の服用量によるものもある。ひとつのプロバイオティクスの効能が別のプロバイオティクスにもあると、十把ひとからげにして言うような主張は、これまでのところ立証できるだけの研究がまだなされてはいない。

さまざまな機能性食品が並んだスーパーマーケットの棚。腸内細菌が健康に果たす役割に対する意識が高まるにつれ、この役割に適した加工食品も増加した。こうした加工食品の売上高は、今後10年間で数十億に達すると予測されている。

そうなると、高価なプロバイオティクスのサプリメントを買っても元は取れない可能性は高い。イスラエルである研究が行われた。19人を対象に、最も一般的な菌株11種類を含むプロバイオティクスを摂取してもらったが、腸内に「顕著なコロニー形成」が見られたのは8人だけだった。「驚いたことに、健康なボランティアの多くに効果が見られなかった。プロバイオティクスはコロニーを形成できなかったのだ」と、この研究を行ったテルアビブのワイツマン科学研究所のエヴァン・シーガル教授は言う。プロバイオティクスを受けつけなかった腸の持ち主の割合は、おそらく母集団をもっと大きくしても一致すると思われる。画一的アプローチが通用しない可能性は十分にあると考えるべきなのだ。その代わりに必要なのは、個人個人に合わせたサプリメントの処方だ。[18] 結局のところ、私たちの腸内フローラの健康は、私たちの生活史やいわゆる「生活世界」に特有の要素に左右される。人間はひとりひとりみな違う、という決まり文句はそのとおりだと言える。大量生産のプロバイオティクスはめったに効かないと言ってよい。

腸内フローラが生活史や日常生活と密接に関連するからには、プロバイオティクスに関しては、食事のほうがサプリメントに勝る。健康を維持するさまざまなプロバイオティクスとプレバイオティクス（プロバイオティクスの増殖を助長する難消化性食品成分）が多様に存在するのは、本物の食品のなかだけだろう。実際、メチニコフが最初に発見した微生物はヨーグルトのなかで繁殖していたものだった。健康を望むのならば、そうした自然に発酵した食品に目を向ける必要がある。うれしいことに、メチニコフの時代よりも現代は選択肢が増えており、大きなスーパーマーケットには

250以上のカテゴリーで約3500種類の発酵食品が並んでいるという。[19] 発展途上国の発酵食品も加えて考えれば、選択肢はもっと多くなる。既存の発酵食品がそれほど数多くあるのだから、よくよく考えれば、加工度の高い機能性食品に目を向ける必要などない。

それどころか、今も残る伝統的な食品から私たちは多くを学ぶことができる。世界の多くの地域では、発酵食品は人間の健康と幸福な暮らしには欠かせないもの、何にも増して生命維持に役立つものだと今も考えられている。なぜなら、最も基本的な意味において、発酵食品は発酵していない食品よりも栄養価が高いからだ。伝統的な発酵食品には必須な栄養素が豊富に含まれており、それを食べていれば病気や飢饉から身を守ることができる。たとえばソルガム（モロコシ）を原料にした伝統的なビールは、アフリカ南部の人々にリボフラビン（ビタミン$B_2$）とナイアシン（ビタミン$B_3$）を与え、トウモロコシ中心の食事の場合にかかりやすいペラグラ（ナイアシン欠乏症）の悪化を防ぐ。西アフリカでは、ヤシの樹液を発酵させて造るパームワインが、肉をほとんど食べない人々に必要なビタミン$B_{12}$をもたらしている。チアミン（ビタミン$B_1$）、ナイアシン、リボフラビンは、メキシコの一部地域で人気のプルケというリュウゼツランの樹液から造るビールにも含まれている。[20]

だが、栄養価は長所のひとつにすぎない。発酵食品はほかにも、もっと微妙な形で人間を守っている。善玉菌でいっぱいの腸内フローラでは、病原菌は長く生き残ることができない。というのも、善玉菌が空間と栄養分を求める生存競争のすえに病原菌を排除してしまうからだ。一部の善玉菌は、病原菌を即死させる化学物質を分泌したり、宿主の免疫システムが侵入者を防御する力を増強する

プルケの原料を収穫しているところ。伝統的な発酵飲料プルケは大昔からメキシコの人々を支え、重要なビタミンＢ群を与えてきた。

ようにしたりすることさえある。[21]旅行中に胃腸の具合が悪くなると、地元の人たちと同じものを飲み食いしただけなのになぜ痛くなるのかと不思議に思うことがあるが、その答えは人間の腸内フローラにある。日頃から滅菌した加工食品ばかり食べている旅行者の腸内には、現地の食べ物や飲み物――メロンだったり水だったり――のなかにいる病原菌を殺すのに必要なミクロフローラ（微生物叢）がないからだ。

善玉菌を強い味方にすれば、人は健康になれるだけでなく、暮らし方そのものが変わる。発酵食品を作るということは、何事も当然だと思っておろそかにするような生活をやめるということだ。キムチやチーズを作って貯蔵するのは、不確実な未来に対する予防策であり、人間にはコントロールできないことがこの世にはたくさんあることを認めることでもある。そして、こうした真実が痛ましくも顕在化している地域では、発酵食品はなおさら重要だ。

たとえばスーダンでは、いわゆる「救荒食物」、あるいは「非常食」と呼ばれるものが食事の約6割を占める。そうした食物のひとつが「カワル」だ。これはエビスグサの葉を発酵させてから天日干しして作るもので、タンパク質をはじめとする栄養が豊富なうえ、何年間も保存が利く。1983年から1985年にかけてスーダンがひどい飢饉に見舞われたときも非常に役立った。スーダンの救援活動に従事した人々によれば、生き延びられたのは決まってそうした発酵食品を手作りしていた家族だったという。そして、十分な貯金があり、不作の時期でも必需品を買うことができる家族はカワル作りをやめていたそうだ。[22]

食糧不足に慣れている人々は、ほんの少しでも無駄にしない。たとえ祭りのときでもそれは変わ

「テンペ・ボンクレッ」を売る人。インドネシアでは昔から賞味されている食品だが、危険が付き物でもある。発酵中に首腐病菌（学名 *Burkholderia gladioli*）に汚染されたものを不幸にも口にしてしまうと、致命的な病気になる恐れがある。

らない。インドでは、祭りの間に食べ残したものをユニークな方法でとっておく。たいていは野菜だが、前日の供え物を大きな陶器の壺に何層にも重ねて入れる。1層分並べるたびに塩をふり、それから次の層を重ねていく。そうして何層にも重ねて詰めたものを寝かせて発酵させ、祭りが終わったら、オイルや乾燥トウガラシ、マスタードグリーン、カレーリーフを加えて味を調え、煮て熱々にして食卓に出す。[23]

南米の人々も、食べ物を粗末にすることを気にする。たとえばパイナップルを加工したときに残るリンド（外皮）は、酢の重要な原材料になる。リンドを容器に詰め、そこに水と砂糖と酵母を容器がいっぱいになるまで加えて発酵させる。8日間ほど寝かせると、その間に酸が形成される。[24] インドネシアでも、ピーナッツとココナッツの油かす（オイルを搾り取った後の残渣《ざんさ》）が「テンペ・ボンクレッ」というテンペの一種になる。これは、クモノスカビ（学名 *Rhizopus*）という糸状のカビを油かすに接種し、バナナの葉でくるんで発酵させて作る。よく知られている大豆で作るテンペと同じように、スライスして油で揚げると、とてもおいしい（ただし、テンペ・ボンクレッを味わうよろこびにはリスクが付き物で、もし首腐病菌 *Burkholderia gladioli* に汚染されていたら、口にすると病気になって死ぬこともある）。

スーダンのやりくり上手な人々は、狩猟した野生鳥獣をさばいた後の、捨ててしまうような部分も余さず使って「ドデリー」という料理を作る。まず、狩猟肉の骨を砕いて破片状にし、それを桶の水のなかに入れて発酵するまで寝かせる。3日ほどしたら桶から骨を取り出し、さらに砕いてすりつぶしペースト状にしてから、ソルガムの茎を焼いて作った灰と混ぜ合わせる。その後、これを桶に戻し、さらに3日間か4日間発酵させる。最後に団子状に丸めれば出来上がり。貯蔵しておくこともあれば、すぐに食べることもできる。スーダンには「カイドゥ・ディグラ」という料理もある。こちらは狩猟肉の背骨で作る。すりつぶしてペースト状にしたものを発酵させてから団子状にまるめ、もう一度発酵させる。淡白なデンプンばかりになりがちな食事にタンパク質とさまざまな栄養を加えてくれる、重要な食べ物だ。[25]

テンペ・ボンクレッもドデリーもカイドゥ・ディグラも――こうした食べ物には、それらが生まれた文化に根ざしているという共通点がある。しかもこれらの食べ物は、利益を得たいという思惑から生まれたわけではなく、ただ生き残ろうとする意志から考え出されたものにすぎず、その背景にある文化や生み出した人々と支え合う関係にある。そして、その食べ物とそれを作り食べる人々がそういう関係にあるからこそ、凶作だろうと豊作だろうと、その食べ物も人々との関係も消えてしまうことはない。一方、食生活の産業化が進んでいる地域では、食習慣は市場本位の考え方から生まれる。そうした考え方では短期的な利益が最優先となる。人々は、今日と明日のおいしいものを楽しもうと思う。だが――明後日もごちそうを楽しめるのだろうか？

自家製の発酵食品だけを食べて暮らしていける人はまずいない。だが、時間と状況が許せば、食べ物を伝統的な製法で作り、伝統的な方法で保存することもしたほうがいい。長い伝統にのっとって作られた発酵食品を手にすると、人間と栄養、そして人間と健康との関係だけでなく、世界や世界に住まねばならない人々との関係が――一時的かもしれないが――一変するように思えるだろう。そうした発酵食品は、食べ物とは生物学的に必要なもの、カロリーやビタミンやミネラルなどの要

メーン州ブランズウィックのファーマーズ・マーケットで販売されている「アーティザナル」なピクルス。今では健康意識の高まりから、伝統的な製法で作られた食品がふたたび注目されるようになった。手作りのピクルスや食肉加工品もクラフトビールなどの食品と同じく、紛れもない発酵食品ルネサンスのさなかにある。

素に還元できる物質、というだけではないということにあらためて気づかせてくれる。私たちは発酵食品を作りながら、けっして売買できない価値観に基づく生活の大切さを理解することになる。なぜなら発酵食品は、多様性、調和、そして何より大切であろう「共に働く」という営みが存在するところでこそ輝く、不変の真理を思い起こさせてくれるからだ。

# 謝辞

まず、ブラウン大学ロックフェラー図書館の司書ならびに職員の方々に感謝申し上げる。同図書館では、地球のはるか離れたところにある題名のあいまいな書物を借りたいことが多かったにもかかわらず、私のそんな依頼に臨機応変に忍耐強く応じてくださった。また、ブラウン大学の同僚の方々にもお礼を申し上げたい。レベッカ、ジョン、ナオミ、トレイ、クリス、ジェーン、リズ、そしてほかの方々も、皆様ありがとう。その励ましの言葉が支えとなり、本書のための調査と執筆を続けられた。

のんびりする時間を作ったときの支えになってくださった方々、キャリー・ロスネック、クリス・ライト、ザック・バロウィッツにも感謝申し上げる。そのおかげで、ピークス島で何度も楽しい週末を過ごすことができた。特に、ザックの鋭い観察力に対しお礼を言いたいと思う。彼の見解では、ミドルクラスの仕事が減少していることこそが、アーティザナルな食品のブームを高度な創造へと駆り立てたのだという。

編集者のアーウィン・モンゴメリーにも感謝申し上げる。彼は編集だけでなく、原稿執筆のための無数の単調な仕事も引き受けてくださった。その経験、知識、才能、知性がなければ、本書を出版することはできなかっただろう。そしてもちろん、リークション社の方々にも心からお礼申し上げる。

また、本書で参考にした文献の著者である研究者の方々にも感謝申し上げる。まずハーヴィー・レヴェンスタイン。氏はアメリカの食品加工業と衛生運動の興隆についてすばらしい学識を持っておられる。次にリンダ・チヴィテッロ。同氏はベーキングパウダーの成功とベーキングパウダーがパンの製法をいかに変えたかについて、洞察力ある研究をなさった。次にジョン・S・マーチャント、ブライアン・G・ルーベン、ジョーン・P・オールコック。この3氏はパンの歴史について非常に参考になる興味深い文献の著者だ。次にイアン・S・ホーンジーとリチャード・アンガー。両氏はビールと醸造の歴史について非常に興味深い本を書いておられる。次にニコラス・P・マネー。氏は菌類についてわかりやすく楽しい本を多数書いておられる。そのほか、巻末の注に挙げた多くの方々にもお礼申し上げたい。最後に、サンダー・エリックス・キャッツに心より感謝申し上げる。発酵に関するキャッツ氏のすばらしい本は、インスピレーションと慰めをもたらしてくれる。

& エリカ・ソネンバーグ著，鍛原多恵子訳，ハヤカワ文庫，早川書房）
Tamang, Jyoti Prakash, and Kasipathy Kailasapathy, eds, *Fermented Foods and Beverages of the World*（Boca Raton, FL, 2010）
Tattersall, Ian, and Rob DeSalle, *A Natural History of Wine*（New Haven, CT, 2015）
Toldrá, Fidel, ed., *Handbook of Fermented Meat and Poultry*, 2nd edn（Hoboken, NJ, 2014）
Tomes, Nancy, *The Gospel of Germs: Men, Women, and the Microbe in American Life*（Cambridge, MA, 1998）
Unger, Richard W., *A History of Brewing in Holland 900-1900: Economy, Technology and the State*（Leiden, 2001）
Valenze, Deborah M., *Milk: A Local and Global History*（New Haven, CT, 2011）
Vallery-Radot, René, *Louis Pasteur: His Life and Labours*, trans. Lady Claud Hamilton（New York, 1891）（『パスツール伝』，ルネ・ヴァレリー・ラド著，桶谷繁雄訳，みすず書房）
Yong, Ed, *I Contain Multitudes: The Microbes within Us and a Grander View of Life*（New York, 2018）（『世界は細菌にあふれ，人は細菌によって生かされる』，エド・ヨン著，安部恵子訳，柏書房）
Younger, William, *Gods, Men, and Wine*（Cleveland, OH, 1966）

Jacob, Heinrich Eduard, *Six Thousand Years of Bread: Its Holy and Unholy History* (Garden City, NY, 1944)

Katz, Sandor Ellix, *Wild Fermentation: The Flavor, Nutrition, and Craft of Live-culture Foods* (White River Junction, VT, 2016) (『天然発酵の世界』, サンダー・E・キャッツ著, きはらちあき訳, 築地書館)

Kindstedt, Paul S., *Cheese and Culture: A History of Cheese and Its Place in Western Civilization* (White River Junction, VT, 2012) (『チーズと文明』, ポール・キンステッド著, 和田佐規子訳, 築地書館)

Latour, Bruno, *The Pasteurization of France*, trans. Alan Sheridan and John Law (Cambridge, MA, 1993)

Levenstein, Harvey A., *Revolution at the Table: The Transformation of the American Diet* (New York, 1988)

Li, Zhengping, *Chinese Wine* (Cambridge, 2011)

Marchant, John S., Bryan G. Reuben and Joan P. Alcock, *Bread: A Slice of History* (Stroud, 2010)

Money, Nicholas P., *The Rise of Yeast: How the Sugar Fungus Shaped Civilization* (New York, 2018)

———, *The Triumph of the Fungi: A Rotten History* (New York, 2007) (『チョコレートを滅ぼしたカビ・キノコの話:植物病理学入門』, ニコラス・マネー著, 小川真訳, 築地書館)

Montville, Thomas J., and Karl R. Matthews, *Food Microbiology: An Introduction* (Washington, DC, 2005)

Nelson, Max, *The Barbarian's Beverage: A History of Beer in Ancient Europe* (London, 2005)

Oliver, Garrett, *The Oxford Companion to Beer* (New York, 2012)

Pasteur, Louis, *Studies on Fermentation: The Diseases of Beer, Their Causes, and the Means of Preventing Them*, trans. Frank Faulkner and D. Constable Robb (London, 1879)

Pawsey, Rosa K., *Case Studies in Food Microbiology for Food Safety and Quality* (London, 2007)

Robbins, Louise, *Louis Pasteur and the Hidden World of Microbes* (New York, 2001)

Sonnenburg, Justin, and Erica Sonnenburg, *The Good Gut: Taking Control of Your Weight, Your Mood, and Your Long-term Health* (New York, 2015) (『腸科学:健康・長生き・ダイエットのための食事法』, ジャスティン・ソネンバーグ

# 参考文献


Bamforth, Charles W., and Robert E. Ward, eds, *The Oxford Handbook of Food Fermentations* (New York, 2014)

Barnett, James A., and Linda Barnett, *Yeast Research: A Historical Overview* (Washington, DC, 2011)

Battcock, Mike, and Sue Azam-Ali, *Fermented Fruits and Vegetables: A Global Perspective* (Delhi, 1998)

Campbell-Platt, G., and P. E. Cook, *Fermented Meats* (Boston, 1995)

Christensen, Clyde M., *The Molds and Man: An Introduction to the Fungi*, 3rd edn (Minneapolis, MN, 1965)

Civitello, Linda, *Baking Powder Wars: The Cutthroat Food Fight That Revolutionized Cooking* (Urbana, IL, 2017)

David, Elizabeth, *English Bread and Yeast Cookery* (New York, 1980)

Debré, Patrice, *Louis Pasteur*, trans. Elborg Forster (Baltimore, MD, 1998)

Deshpande, S. S., et al., *Fermented Grain Legumes, Seeds and Nuts: A Global Perspective* (Rome, 2000)

Donnelly, Catherine, ed., *The Oxford Companion to Cheese* (New York, 2016)

Dugan, Frank, *Fungi in the Ancient World: How Mushrooms, Mildews, Molds, and Yeast Shaped the Early Civilizations of Europe, the Mediterranean, and the Near East* (St Paul, MN, 2008)

Essuman, Kofi Manso, *Fermented Fish in Africa: A Study on Processing, Marketing and Consumption* (Rome, 1993)

Flandrin, Jean-Louis, Massimo Montanari, Albert Sonnenfeld and Clarissa Botsford, *Food: A Culinary History from Antiquity to the Present* (New York, 2013)

Holzapfel, Wilhelm, and Brian J. B. Wood, *Lactic Acid Bacteria: Biodiversity and Taxonomy* (Hoboken, NJ, 2014)

Hornsey, Ian S., *A History of Beer and Brewing* (Cambridge, 2003)

Horsford, Eben, *The Theory and Art of Bread-making: A New Process without the Use of Ferment* (Cambridge, MA, 1861)

Hudler, George W., *Magical Mushrooms, Mischievous Molds* (Princeton, NJ, 2000)

Hutkins, Robert W., *Microbiology and Technology of Fermented Foods* (Ames, IA, 2006)

# 注

## 序章　誠実な友にして容赦ない敵——人間と微生物の関係性とその歴史

1　Arthur Isaac Kendall, *Civilization and the Microbe* (Boston, MA, 1923), p. 223.

2　マリー湖食中毒事件の当時の記述は，Gerald Rowley Leighton, *Botulism and Food Preservation* (*The Loch Maree Tragedy*) (London, 1923) 参照。同事件の最新の論述は，Rosa K. Pawsey, *Case Studies in Food Microbiology for Food Safety and Quality* (London, 2007) 参照。

3　Leighton, *Botulism and Food Preservation*, pp. 193-4.

4　Thomas J. Montville and Karl R. Matthews, *Food Microbiology: An Introduction* (Washington, DC, 2005), pp. 187-98.

5　'Clostridium botulinum', at https://microbewiki.kenyon.edu, accessed 10 February 2018. The United States averages 25 cases of botulism per year, most of them occurring in Alaska.

6　Harvey A. Levenstein, *Fear of Food: A History of Why We Worry about What We Eat* (Chicago, IL, 2012), pp. 6-7.

7　Nancy Tomes, *The Gospel of Germs: Men, Women, and the Microbe in American Life* (Cambridge, MA, 1998), pp. 6-7.

8　Levenstein, *Fear of Food*, p. 12.

9　Harvey A. Levenstein, *Revolution at the Table: The Transformation of the American Diet* (New York, 1988), pp. 32-3.

10　前掲書 p. 35.

11　前掲書 p. 38.

12　Paul Clayton and Judith Rowbotham, 'An Unsuitable and Degraded Diet?, Part Three: Victorian Consumption Patterns and Their Health Benefits', *Journal of the Royal Society of Medicine*, CI/9 (2008), pp.455-60.

13　Jean-Louis Flandrin, Massimo Montanari, Albert Sonnenfeld and Clarissa Botsford, *Food: A Culinary History from Antiquity to the Present* (New York, 2013), p. 495.

14　Bruno Latour, *The Pasteurization of France*, trans. Alan Sheridan and John Law (Cambridge, MA, 1993), p. 35.

15　Ed Yong, *I Contain Multitudes: The Microbes within Us and a Grander View of*

*Life* (New York, 2018), p. 10.（『世界は細菌にあふれ，人は細菌によって生かされる』，エド・ヨン著，安部恵子訳，柏書房）

16 H. G. Wells, *The Outline of History*, 2 vols (New York, 1921), vol. I, p. 12.（『世界文化史大系』，H. G. ウェルズ著，北川三郎訳，世界文化史刊行会，清文堂書店）

17 Yong, *I Contain Multitudes*, p. 9.（『世界は細菌にあふれ，人は細菌によって生かされる』，エド・ヨン著，安部恵子訳，柏書房）

18 前掲書 p. 9.

19 Stuart Hogg, *Essential Microbiology*, 2nd edn (Chichester, 2013), p. 345.

20 Yong, *I Contain Multitudes*, p. 10.（『世界は細菌にあふれ，人は細菌によって生かされる』，エド・ヨン著，安部恵子訳，柏書房）

21 Percy F. Frankland, 'Microscopic Laborers and How They Serve Us', *The English Illustrated Magazine*, viii (1891), p. 117.

22 Thomas Hardy, *The Dynasts* (London, 1978), p. 88.（『覇王たち』，トマス・ハーディ著，森松健介ほか訳，『トマス・ハーディ全集14巻1 ～ 3』所収，大阪教育図書）

## 第1章　どんちゃん騒ぎ――発酵飲料の誕生と進化

1 Omar Khayyám, *Rubaiyat of Omar Khayyam: The Astronomer-Poet of Persia*, trans. Edward FitzGerald (New York, 1921), p. 163.（『ルバイヤート　オウマ・カイヤム四行詩集』，井田俊隆訳，南雲堂）

2 Nicholas P. Money, *The Rise of Yeast: How the Sugar Fungus Shaped Civilization* (New York, 2018), pp. 8-9.

3 同上

4 S. A. Odunfa and O. B. Oywole, 'African Fermented Foods', in *Microbiology of Fermented Foods*, 2 vols, 2nd edn, ed. Brian J. B. Wood (London, 1998), vol. II, p. 727.

5 John W. Arthur, 'Brewing Beer: Status, Wealth, and Ceramic Use Alteration among the Gamo of South-Western Ethiopia', *World Archaeology*, xxxiv/3 (2003), pp. 516-28.

6 Amaia Arranz-Otaegui et al., 'Archaeobotanical Evidence Reveals the Origins of Bread 14,400 Years Ago in Northeastern Jordan', *Proceedings of the National Academy of Sciences*, cxv/31 (2018), pp. 7925-30.

7 Amanda Borschel-Dan, '13,000-year-old Brewery Discovered in Israel, the Old-

est in the World', *The Times of Israel*, 12 September 2018, www.timesofisrael.com.

8 Ian S. Hornsey, *A History of Beer and Brewing* (Cambridge, 2003), p. 86.

9 前掲書 p. 82.

10 前掲書 p. 89.

11 前掲書 pp. 110-11.

12 Max Nelson, *The Barbarian's Beverage: A History of Beer in Ancient Europe* (London, 2005), p. 10.

13 Kenneth F. Kiple and Kriemhild Conee Ornelas, eds, *The Cambridge World History of Food*, 2 vols (Cambridge, 2000), vol. I, pp. 730-40.(『ケンブリッジ世界の食物史大百科事典』全5巻, 石毛直道ほかシリーズ監訳, 朝倉書店)

14 Edward Hyams, *Dionysus: A Social History of the Wine Vine* (New York, 1965), pp. 36-7.

15 Ian Tattersall and Rob DeSalle, *A Natural History of Wine* (New Haven, CT, 2015), p. 12.

16 Hyams, *Dionysus*, p. 65.

17 Nelson, *Barbarian's Beverage*, p. 72.

18 前掲書 p. 35.

19 Tattersall and DeSalle, *Natural History of Wine*, p. 15.

20 William Younger, *Gods, Men, and Wine* (Cleveland, oh, 1966), p. 131.

21 前掲書 p. 192.

22 Hyams, *Dionysus*, p. 82.

23 Virgil, *The Eclogues; The Georgics*, trans. C. Day Lewis (New York, 1999), p. 83.(『牧歌/農耕詩』, ウェルギリウス著, 小川正廣訳, 京都大学学術出版会)

24 Younger, *Gods, Men, and Wine*, p. 187.

25 Henry H. Work, *The Shape of Wine: Its Packaging Evolution* (London, 2018), p. 121.

26 Younger, *Gods, Men, and Wine*, p. 187.

27 Robert Sechrist, *Planet of the Grapes: A Geography of Wine* (Santa Barbara, CA, 2017), p. 12.

28 Zhengping Li, *Chinese Wine* (Cambridge, 2011), pp. 1-2.

29 前掲書 p. 5.

30 前掲書 p. 3.

31 Kiple and Ornelas, *Cambridge World History of Food*, p. 621.(『ケンブリッジ世

界の食物史大百科事典』全5巻，石毛直道ほかシリーズ監訳，朝倉書店）
32 Hornsey, *History of Beer and Brewing*, p. 284.
33 前掲書 p. 289.
34 Kiple and Ornelas, *Cambridge World History of Food*, p. 619.（『ケンブリッジ世界の食物史大百科事典』全5巻，石毛直道ほかシリーズ監訳，朝倉書店）
35 前掲書 p. 622.
36 Richard W. Unger, *A History of Brewing in Holland 900-1900: Economy, Technology and the State*（Leiden, 2001）, p. 377.
37 前掲書 p. 29.
38 前掲書 p. 69.
39 前掲書 p. 69.
40 前掲書 p. 72.
41 前掲書 p. 89.
42 Simon Schama, *The Embarrassment of Riches: An Interpretation of Dutch Culture in the Golden Age*（Berkeley, CA, 1988）, p. 172.
43 Unger, *History of Brewing in Holland*, p. 125.
44 前掲書 p. 125.
45 前掲書 pp. 128-9.
46 前掲書 p. 124.
47 前掲書 p. 125.
48 前掲書 p. 113.
49 前掲書 p. 115.
50 前掲書 p. 110.
51 Hornsey, *History of Beer and Brewing*, p. 621.
52 前掲書 p. 621.

## 第2章 「大きな進歩」——発酵飲料の工業化

1 R. E. Egerton-Warburton, *Poems, Epigrams and Sonnets*（London, 1877）, p. 93.
2 Patrice Debré, *Louis Pasteur*, trans. Elborg Forster（Baltimore, MD, 1998）, pp. 226-9.
3 同上
4 Louise Robbins, *Louis Pasteur and the Hidden World of Microbes*（New York, 2001）, p. 50.
5 Debré, *Louis Pasteur*, p. 219.

6 John Farley and Gerald L. Geison, 'Science, Politics and Spontaneous Generation in Nineteenth-Century France', *Bulletin of the History of Medicine*, xlviii/2 (1974), pp. 161-98.

7 Debré, *Louis Pasteur*, p. 220.

8 前掲書 p. 7.

9 前掲書 pp. 230-31.

10 René Vallery-Radot, *Louis Pasteur: His Life and Labours*, trans. Lady Claud Hamilton (New York, 1891), p. 120. (『パスツール伝』, ルネ・ヴァレリー・ラド著, 桶谷繁雄訳, みすず書房)

11 前掲書 p. 121.

12 Debré, *Louis Pasteur*, p. 89.

13 前掲書 p. 90.

14 前掲書 p. 92.

15 前掲書 p. 91.

16 前掲書 p. 240.

17 William T. Brannt, *A Practical Treatise on the Manufacture of Vinegar and Acetates, Cider, and Fruit-Wines* (Philadelphia, pa, 1890), p. 22.

18 Debré, *Louis Pasteur*, p. 239.

19 前掲書 p. 241.

20 R. Wahl, 'Pasteur's "Studies on Beer" the Foundation of Medical Science', *American Brewers' Review* (May 1914), pp. 199-201.

21 Much of this information on Hansen appears in Louise Crane, 'Legends of Brewing: Emil Christian Hansen', www.beer52.com, 6 December 2017.

22 Ian S. Hornsey, *A History of Beer and Brewing* (Cambridge, 2003), p. 403.

23 前掲書 p. 412.

24 同上

25 前掲書 p. 413.

26 同上

27 同上

28 前掲書 p. 409.

29 同上

30 同上

31 同上

32 前掲書 p. 410.

33 同上

34 前掲書 p. 411.

35 同上

36 前掲書 p. 410.

37 前掲書 p. 415.

38 James A. Barnett and Linda Barnett, *Yeast Research: A Historical Overview* (Washington, DC, 2011), p. 19.

39 Louis Pasteur, *Studies on Fermentation: The Diseases of Beer, Their Causes, and the Means of Preventing Them*, trans. Frank Faulkner and D. Constable Robb (London, 1879), p. 23.

40 前掲書 p. 26.

41 Barnett and Barnett, *Yeast Research*, p. 19.

42 Thomas Dale Brock, *Robert Koch: A Life in Medicine and Bacteriology*, 2nd edn (Washington, DC, 1999), p. 94.(『ローベルト・コッホ：医学の原野を切り拓いた忍耐と信念の人』，トーマス・D・ブロック著，長木大三・添川正夫訳，シュプリンガー・フェアラーク東京)

43 Crane, 'Legends of Brewing'.

44 同上

45 Barnett and Barnett, *Yeast Research*, p. 29.

46 Brock, *Robert Koch*, p. 100.(『ローベルト・コッホ：医学の原野を切り拓いた忍耐と信念の人』，トーマス・D・ブロック著，長木大三・添川正夫訳，シュプリンガー・フェアラーク東京)

47 前掲書 p. 101.

48 前掲書 p. 116.

49 前掲書 p. 97.

50 前掲書 p. 98.

51 前掲書 p. 97.

52 Barnett and Barnett, *Yeast Research*, p. 29.

53 同上

54 Crane, 'Legends of Brewing'.

55 Valdemar Meisen, ed., *Prominent Danish Scientists through the Ages, with Facsimiles from Their Works*, trans. Hans Andersen (Copenhagen, 1932), p. 162.

56 Crane, 'Legends of Brewing'.

57 同上

58 同上

59 Kenneth F. Kiple and Kriemhild Conee Ornelas, eds, *The Cambridge World History of Food*, 2 vols (Cambridge, 2000), vol. I, p. 624.（『ケンブリッジ世界の食物史大百科事典』全5巻，石毛直道ほかシリーズ監訳，朝倉書店）

## 第3章 「オーブン崇拝」――古今東西のパンとその製法

1 Lewis Carroll, *Through the Looking-Glass* (Oxford, 1998), p. 164.（『鏡の国のアリス』，ルイス・キャロル著，柳瀬尚紀訳，ちくま文庫，筑摩書房）

2 James A. Barnett and Linda Barnett, *Yeast Research: A Historical Overview* (Washington, DC, 2011), p. 29.

3 ホースフォードについての情報は，Linda Civitello, *Baking Powder Wars: The Cutthroat Food Fight That Revolutionized Cooking* (Urbana, IL, 2017), pp. 36-46を参照した。

4 Eben Horsford, *The Theory and Art of Bread-making: A New Process without the Use of Ferment* (Cambridge, MA, 1861), p. 11.

5 *The Royal Baker and Pastry Cook: A Manual of Practical Cookery* (New York, 1902), pp. 1-2.

6 Nicholas P. Money, *The Rise of Yeast: How the Sugar Fungus Shaped Civilization* (New York, 2018), pp. 129-30.

7 前掲書 p. 11.

8 前掲書 p. 146.

9 前掲書 pp. 147-9.

10 Constantine John Alexopoulos, Charles W. Mims and Meredith Blackwell, *Introductory Mycology*, 4th edn (New York, 1996), p. 276.

11 B. Cordell and J. McCarthy, 'A Case Study of Gut Fermentation Syndrome (Auto-Brewery) with Saccharomyces Cerevisiae as the Causative Organism', *International Journal of Clinical Medicine*, IV/7 (2013), pp. 309-12.

12 Harold McGee, *On Food and Cooking: The Science and Lore of the Kitchen* (New York, 1988), p. 275.（『マギー　キッチンサイエンス　食材から食卓まで』，ハロルド・マギー著，北山薫・北山雅彦訳，香西みどり監訳，共立出版）

13 John S. Marchant, Bryan G. Reuben and Joan P. Alcock, *Bread: A Slice of History* (Stroud, 2010), pp. 19-20.

14 前掲書 p. 20.

15 Heinrich Eduard Jacob, *Six Thousand Years of Bread: Its Holy and Unholy History*

(Garden City, NY, 1944), pp. 31-2.

16 Marchant, Reuben and Alcock, *Bread*, pp. 26-7.

17 Jacob, *Six Thousand Years of Bread*, p. 77.

18 前掲書 pp. 124-5.

19 Marchant, Reuben and Alcock, *Bread*, pp. 32-3.

20 Jacob, *Six Thousand Years of Bread*, p. 136.

21 前掲書 p. 138.

22 前掲書 pp. 137-8.

23 Elizabeth David, *English Bread and Yeast Cookery* (New York, 1980), pp. 181-2. より引用。

24 Emil Braun, *The Baker's Book: A Practical Hand Book of All the Baking Industries in All Countries*, 2 vols (New York, 1903), vol. II, pp. 556-7.

25 R. Sankaran, 'Fermented Foods of the Indian Subcontinent', in *Microbiology of Fermented Foods*, 2 vols, 2nd edn, ed. Brian J. B. Wood (London, 1998), vol. II, pp. 765-8.

26 S. A. Odunfa and O. B. Oyewole. 'African Fermented Foods', in *Microbiology of Fermented Foods*, ed. Wood, vol. II, pp. 723-4.

27 Civitello, *Baking Powder Wars*, p. 6.

28 前掲書 p. 20.

29 同上

30 前掲書 p. 29.

31 David Graeber, *Bullshit Jobs* (New York, 2018), p. 91. (『ブルシット・ジョブ：クソどうでもいい仕事の理論』，デヴィッド・グレーバー著，酒井隆史ほか訳，岩波書店)

32 Braun, *Baker's Book*, p. 562.

33 McGee, *On Food and Cooking*, p. 281. (『マギー　キッチンサイエンス　食材から食卓まで』，ハロルド・マギー著，北山薫・北山雅彦訳，香西みどり監訳，共立出版)

34 William A. Alcott, George W. Light and Benjamin Bradley, *The Young House-keeper, or Thoughts on Food and Cookery* (Boston, MA, 1838), p. 130.

35 McGee, *On Food and Cooking*, p. 281.

36 Isabella Beeton, *Mrs Beeton's Household Management* (Ware, 2006), p. 784.

37 Civitello, *Baking Powder Wars*, p. 57.

38 Marchant, Reuben and Alcock, *Bread*, p. 70.

39　前掲書 pp. 112-13.

40　前掲書 pp. 139-40.

41　David, *English Bread and Yeast Cookery*, p. 195.

42　Siegfried Giedion, *Mechanization Takes Command: A Contribution to Anonymous History* (New York, 1955), pp. 196-8.(『機械化の文化史——ものいわぬものの歴史』, S・ギーディオン著, 栄久庵祥二訳, 鹿島出版会)

43　前掲書 p. 201.

44　Civitello, *Baking Powder Wars*, p. 30.

45　K. Katina et al., 'Potential of Sourdough for Healthier Cereal Products', *Trends in Food Science and Technology*, XVI/1-3 (2005), pp. 104-12.

46　Raffaella Di Cagno et al., 'Sourdough Bread Made from Wheat and Nontoxic Flours and Started with Selected Lactobacilli Is Tolerated in Celiac Sprue Patients', *Applied and Environmental Microbiology*, lxx/2 (2004), p. 1088.

## 第4章　ときに危険な二面性——菌類と食物

1　Clyde M. Christensen, *The Molds and Man: An Introduction to the Fungi*, 3rd edn (Minneapolis, MN, 1965), p. 5.

2　前掲書 p. 186.

3　Michael Tunick, *The Science of Cheese* (New York, 2014), p. 109.

4　George W. Hudler, *Magical Mushrooms, Mischievous Molds* (Princeton, NJ, 2000), pp. 139-40.

5　William Shurtleff and Akiko Aoyagi, *History of Koji - Grains and/or Soybeans Enrobed with a Mold Culture (300 BCE to 2012): Extensively Annotated Bibliography and Sourcebook* (Lafayette, CA, 2012), pp. 5-6.

6　前掲書 pp. 8-9.

7　Thomas J. Montville and Karl R. Matthews, *Food Microbiology: An Introduction* (Washington, DC, 2005), p. 279.

8　前掲書 pp. 278-9.

9　J. W. Bennett and M. Klich, 'Mycotoxins', *Clinical Microbiology Reviews*, xvi/3 (2003), pp. 497-516.

10　Stuart Hogg, *Essential Microbiology*, (2nd edn Chichester, 2013), p. 203.

11　Hudler, *Magical Mushrooms, Mischievous Molds*, p. 19.

12　M. L. Smith, J. N. Bruhn and J. A. Anderson, 'The Fungus *Armillaria Bulbosa* Is among the Largest and Oldest Living Organisms', *Nature*, ccclvi/6368 (1992),

pp. 428-31.

13 Vincent S.F.T. Merckx, ed., *Mycoheterotrophy: The Biology of Plants Living on Fungi* (New York, 2013), p. v.

14 Thomas N. Taylor, Michael Krings and Edith L. Taylor, *Fossil Fungi* (London, 2015), p. 1.

15 Hudler, *Magical Mushrooms, Mischievous Molds*, pp. 217-19.

16 Christensen, *Molds and Man*, p. 51.

17 Hogg, *Essential Microbiology*, p. 205.

18 前掲書 p. 205.

19 Hudler, *Magical Mushrooms*, p. 16.

20 Nicholas P. Money, *The Triumph of the Fungi: A Rotten History* (New York, 2007), pp. 121-7.(『チョコレートを滅ぼしたカビ・キノコの話：植物病理学入門』，ニコラス・マネー著，小川真訳，築地書館)

21 前掲書 p. 126より引用。

22 前掲書 p. 127.

23 Miles Joseph Berkeley, 'Observations, Botanical and Physiological, on the Potato Murrain', *Journal of the Horticultural Society of London*, 2 vols (London, 1846), vol. I, pp. 23-4.

24 前掲書 p. 24.

25 Money, *Triumph of the Fungi*, p. 120.(『チョコレートを滅ぼしたカビ・キノコの話：植物病理学入門』，ニコラス・マネー著，小川真訳，築地書館)

26 Robert Thatcher Rolfe and F. W. Rolfe, *The Romance of the Fungus World: An Account of Fungus Life in Its Numerous Guises, Both Real and Legendary* (London, 1925), p. 93.

27 Eden Phillpotts, *Children of the Mist* (New York, 1898), pp. 439-40.

28 G. C. Ainsworth, *Introduction to the History of Mycology* (New York, 1976), p. 13. より引用。

29 前掲書 p. 12より引用。

30 Frank Dugan, *Fungi in the Ancient World: How Mushrooms, Mildews, Molds, and Yeast Shaped the Early Civilizations of Europe, the Mediterranean, and the Near East* (St Paul, MN, 2008), pp. 84-5.

31 William Houghton, 'Notices of Fungi in Greek and Latin Authors', *The Annals and Magazine of Natural History*, XV/5 (1885), p. 26. より引用。

32 前掲書 p. 27より引用。

33　同上より引用。
34　前掲書 p. 28より引用。
35　同上より引用。
36　Ainsworth, *History of Mycology*, p. 183.
37　同上
38　Dugan, *Fungi in the Ancient World*, p. 58.
39　前掲書 p. 103.
40　Ainsworth, *History of Mycology*, p. 140.
41　R. C. Cooke, *Fungi, Man and His Environment* (London, 1997), pp. 106-8.（『菌類と人間』，R.C. クック著，三浦宏一郎・徳増征二訳，共立出版）
42　前掲書 p. 106.
43　前掲書 p. 108.
44　Quoted in Ainsworth, *History of Mycology*, p. 15.
45　前掲書 p. 58より引用。
46　前掲書 p. 15より引用。
47　前掲書 pp. 164-5より引用。
48　前掲書 p. 166より引用。
49　同上
50　前掲書 p. 170.
51　前掲書 pp. 270-71.
52　Carol Pineda et al., 'Maternal Sepsis, Chorioamnionitis, and Congenital *Candida Kefyr* Infection in Premature Twins', *The Pediatric Infectious Disease Journal*, XXXI/3 (2012), pp. 320-22.
53　Marianne Martinello et al., '"We Are What We Eat!" Invasive Intestinal Mucormycosis: A Case Report and Review of the Literature', *Medical Mycology Case Reports*, I/1 (2012), pp. 52-5.

## 第5章　日常生活の奇跡——発酵野菜の起源と力と富

1　Henry Mayhew, *German Life and Manners as Seen in Saxony at the Present Day*, 2 vols (London, 1864), vol. I, p. 174.
2　James Cook, *Captain Cook's Voyages round the World*, ed. M. B. Synge (London, 1900), p. 32.
3　Stephen K. Brown, *Scurvy: How a Surgeon, a Mariner, and a Gentleman Solve the Greatest Medical Mystery of the Age of Sail* (New York, 2003), pp. 17-18.

4 John R. Hale, *Age of Exploration* (New York, 1974), p. 83.（『探検の時代』, ジョン・R・ヘイル著, 〈ライフ人間世界史シリーズ6／タイムライフブックス編集部編〉, タイムライフインターナショナル）

5 Elena Molokhovets, *Classic Russian Cooking: Elena Molokhovets' A Gift to Young Housewives*, trans. Joyce Toomre (Bloomington, in, 1992), p. 16.

6 Wilhelm Holzapfel and Brian J. B. Wood, *Lactic Acid Bacteria: Biodiversity and Taxonomy* (Hoboken, NJ, 2014), pp. 44-6.

7 同上

8 Cornell University Milk Quality Improvement Program, 'Lactic Acid Bacteria - Homofermentative and Heterofermentative', *Dairy Food Science Notes* (October 2008), p. 1.

9 同上

10 Edward Farnworth, ed., *Handbook of Fermented Functional Foods* (Boca Raton, FL, 2003), pp. 349-50.

11 Lanming Chen, 'Diversity of Lactic Acid Bacteria in Chinese Traditional Fermented Foods', in *Beneficial Microbes in Fermented and Functional Foods*, ed. V. Ravishankar Rai and Jamuna A. Bai (Boca Raton, FL, 2015), pp. 3-14.

12 Jyoti Prakash Tamang and Kasipathy Kailasapathy, eds, *Fermented Foods and Beverages of the World* (Boca Raton, FL, 2010), p. 8.

13 Charles W. Bamforth and Robert E. Ward, eds, *The Oxford Handbook of Food Fermentations* (New York, 2014), p. 423.

14 Tamang and Kailasapathy, *Fermented Foods and Beverages*, p. 10.

15 前掲書 p. 9.

16 Sook-ja Soon, *Good Morning, Kimchi!* (Seoul, 2005), p. 10.

17 Tamang and Kailasapathy, *Fermented Foods and Beverages*, pp. 166-7.

18 Bamforth and Ward, *Oxford Handbook of Food Fermentations*, pp. 425-6.

19 前掲書 p. 427.

20 前掲書 pp. 431-2.

21 Chinua Achebe, *Things Fall Apart* (Oxford, 1996), p. 116.（『崩れゆく絆』, チヌア・アチェベ著, 粟飯原文子訳, 光文社）

22 Keith Steinkraus, ed., *Handbook of Indigenous Fermented Foods*, 2nd edn (New York, 1996), pp. 358-9.

23 Harvey A. Levenstein, *Revolution at the Table: The Transformation of the American Diet* (New York, 1988), p. 37.

24 前掲書 p. 36.
25 Thomas S. Blair, *Public Hygiene*, 2 vols (Boston, MA, 1911), vol. II, p. 457.
26 Mary B. Hughes, *Everywoman's Canning Book: The ABC of Safe Home Canning and Preserving by the Cold Pack Method* (Boston, MA, 1918), p. 4.

## 第6章 魔法をかける微生物——チーズやヨーグルトなどの発酵乳製品

1 Don Marquis, *The Best of Archy and Mehitabel*, ed. George Herriman (New York, 2011), p. 151.
2 Deborah M. Valenze, *Milk: A Local and Global History* (New Haven, CT, 2011), pp. 212-13.
3 Ana Lúcia Barretto Penna et al., 'Overview of the Functional Lactic Acid Bacteria in Fermented Milk Products', in *Beneficial Microbes in Fermented and Functional Foods*, ed. V. Ravishankar Rai and Jamuna A. Bai (Boca Raton, FL, 2015), pp. 113-48.
4 Julie Dunne et al., 'First Dairying in Green Saharan Africa in the Fifth Millennium BC', *Nature*, cdlxxxvi/7403 (2012), pp. 390-94.
5 Frederick J. Simoons, 'The Antiquity of Dairying in Asia and Africa', *Geographical Review*, LXI/3 (1971), pp. 431-9.
6 Andrea S. Wiley, *Cultures of Milk* (Cambridge, MA, 2014), p. 57.
7 前掲書 p. 58.
8 前掲書 p. 30.
9 Mélanie Salque et al., 'Earliest Evidence for Cheese Making in the Sixth Millennium BC in Northern Europe', *Nature*, CDXCIII/7433 (2013), pp. 522-5.
10 Catherine Donnelly, ed., *The Oxford Companion to Cheese* (New York, 2016), p. 247.
11 Traci Watson, 'Great Gouda! World's Oldest Cheese Found - on Mummies', *USA Today*, 25 February 2014, www.usatoday.com.
12 Aristotle, 'Generation of Animals', in *Complete Works of Aristotle*, ed. Jonathan Barnes, 2 vols (Princeton, NJ, 1984), vol. I, pp. 1111-1218.（『アリストテレス全集11 動物の発生について』，アリストテレス著，今井正浩・濱岡剛訳，岩波書店）
13 Homer, *The Odyssey*, trans. George Herbert Palmer (Boston, MA, 1921), p. 130.（『オデュッセイア』，ホメロス著，松平千秋訳，岩波文庫，岩波書店）
14 L. Junius Moderatus Columella, *Of Husbandry* (London, 1745), pp. 324-5.

15 Pliny the Elder, *The Natural History of Pliny*, trans. John Bostock and H. T. Riley, 6 vols (London, 1855), vol. III, p. 85.（『プリニウスの博物誌』全6巻，プリニウス著，中野定雄ほか訳，雄山閣）

16 Valenze, *Milk*, p. 26.

17 前掲書 pp. 51-2.

18 前掲書 pp. 83-5.

19 前掲書 p. 92.

20 John Ray, *Travels through the Low-Countries: Germany, Italy and France*, 2 vols (London, 1738), vol. I, p. 44.

21 Valenze, *Milk*, p. 89.

22 Donnelly, *Oxford Companion to Cheese*, p. 723.

23 Robert Hooke, *Micrographia, or, Some Physiological Descriptions of Minute Bodies Made by Magnifying Glasses, with Observations and Inquiries Thereupon* (Lincolnwood, IL, 1987), p. 125.（『ミクログラフィア：微小世界図説』，ロバート・フック著，板倉聖宣・永田英治訳，仮説社）

24 Juliet Harbutt, ed., *World Cheese Book* (London, 2009), p. 7.（『世界チーズ大図鑑』，ジュリエット・ハーバット監修，柴田書店）

25 Paul S. Kindstedt, *Cheese and Culture: A History of Cheese and Its Place in Western Civilization* (White River Junction, VT, 2012), pp. 204-5.（『チーズと文明』，ポール・キンステッド著，和田佐規子訳，築地書館）

26 前掲書 pp. 206-7.

27 前掲書 p. 209.

28 前掲書 pp. 206-7.

29 Charles Thom and Walter W. Fisk, *The Book of Cheese* (New York, 1918), pp. 2-3.（『チーズ』，C. トム，W.W. フイスク共著，泉圭一郎訳，北海道酪農協同）

30 Kenneth B. Raper, 'Charles Thom 1872-1956', *Journal of Bacteriology*, LXXIV/6 (1956), pp. 725-7.

31 Desmond K. O'Toole, 'The Origin of Single Strain Starter Culture Usage for Commercial Cheddar Cheesemaking', *International Journal of Dairy Technology*, lvii/1 (2004), pp. 53-5.

32 Clotaire Rapaille, *The Culture Code: An Ingenious Way to Understand Why People around the World Buy and Live as They Do* (New York, 2006), p. 25.

33 Nicholas P. Money, *The Rise of Yeast: How the Sugar Fungus Shaped Civilization*

(New York, 2018), p. 162.

34 Élie Metchnikoff, *The Prolongation of Life: Optimistic Studies*, ed. P. Chalmers Mitchell (New York, 1908), p. 165.(『老化・長寿・自然死の楽観的エッセイ』, エリー メチニコフ原著, チャルーマース・ミッチェル英訳, 足立達訳, 今野印刷)

35 Patrice Debré, *Louis Pasteur*, trans. Elborg Forster (Baltimore, MD, 1998), pp. 99-100.

36 前掲書 p. 99.

37 Wilhelm Holzapfel and Brian J. B. Wood, *Lactic Acid Bacteria: Biodiversity and Taxonomy* (Hoboken, NJ, 2014), pp. 7-8.

38 Metchnikoff, *Prolongation of Life*, p. 166.(『老化・長寿・自然死の楽観的エッセイ』, エリー メチニコフ原著, チャルーマース・ミッチェル英訳, 足立達訳, 今野印刷)

39 前掲書 p. 176.

40 前掲書 p. 171.

41 Evelyn Waugh, *A Handful of Dust* (Harmondsworth, 1951), p. 7. R41：(『一握の塵』, イーヴリン・ウォー著, 奥山康治監訳, 彩流社)

42 Gabrichidze Manana, '"In Soviet Georgia" - the Story Behind the Cult Yogurt Ad', *Georgian Journal*, 18 April 2015, www.georgianjournal.ge.

43 同上

44 Transparency Market Research, 'Kefir Market: Kefir's Ability to Boost Immunity, Bone Strength, and Digestion Leads to Its Sales',

21 August 2018, www.openPR.com.

## 第7章　美味だが危険——ソーセージや発酵食肉製品のメリットとリスク

1 Émile Zola, *The Fat and the Thin*, trans. Ernest Alfred Vizetelly (New York, 2005), p. 49.(『〈ゾラ・セレクション〉第2巻　パリの胃袋』, エミール・ゾラ著, 朝比奈弘治訳, 宮下志郎ほか責任編集, 藤原書店)

2 Waverley Root, *Food: An Authoritative, Visual History and Dictionary of the Foods of the World* (New York, 1980), p. 479.

3 Ruth Blasco et al., 'Bone Marrow Storage and Delayed Consumption at Middle Pleistocene Qesem Cave, Israel (420 to 200 ka)', *Science Advances*, V/10 (2019), pp. 1-12.

4 G. Campbell-Platt and P. E. Cook. *Fermented Meats* (Boston, MA, 1995), p. 53.

5 Homer, *The Odyssey*, trans. George Herbert Palmer (Boston, MA, 1921), pp. 310-11.(『オデュッセイア』, ホメロス著, 松平千秋訳, 岩波文庫, 岩波書店)

6 Campbell-Platt and Cook, *Fermented Meats*, p. 15.

7 前掲書 p. 147.

8 Fidel Toldrá, ed., *Handbook of Fermented Meat and Poultry*, 2nd edn (Hoboken, NJ, 2014), p. 13.

9 前掲書 p. 373.

10 Joan P. Alcock, 'Fundolus or Botulus: Sausages in the Classical World', in *Cured, Fermented and Smoked Foods: Proceedings of the Oxford Symposium on Food and Cookery 2010*, ed. Helen Saberi (Totnes, 2011), pp. 44-5.

11 前掲書 p. 40より引用。

12 前掲書 pp. 43-4.

13 Toldrá, *Fermented Meat and Poultry*, p. 371.

14 前掲書 p. 373.

15 前掲書 p. 374.

16 Jyoti Prakash Tamang and Kasipathy Kailasapathy, eds, *Fermented Foods and Beverages of the World* (Boca Raton, FL, 2010), pp. 294-5.

17 前掲書 p. 294.

18 Kofi Manso Essuman, *Fermented Fish in Africa: A Study on Processing, Marketing and Consumption* (Rome, 1993), pp. 29-30.

19 Donald Emmeluth, *Botulism*, 2nd edn (New York, 2010), pp. 16-17.

20 Alexander Wynter Blyth, *Poisons, Their Effects and Detection: A Manual for the Use of Analytical Chemists and Experts* (London, 1884), pp. 476-7.

21 前掲書 p. 477.

22 Alexander Wynter Blyth, *Poisons, Their Effects and Detection: A Manual for the Use of Analytical Chemists and Experts*, 3rd edn (London, 1895), p. 508.

23 George Vivian Poore, *A Treatise on Medical Jurisprudence* (London, 1901), pp. 227-8.

24 Upton Sinclair, *The Jungle* (New York, 1906), p. 161.(『ジャングル』, アプトン・シンクレア著, 大井浩二訳, 松柏社)

25 前掲書 pp. 161-2.

26 前掲書 p. 162.

27 *Secrets of Meat Curing and Sausage Making*, 5th edn (Chicago, IL, 1922), p. 19.

28 Robert W. Hutkins, *Microbiology and Technology of Fermented Foods* (Ames, IA, 2006), pp. 212-13.

29 前掲書 p. 218.

## 第8章 発酵の最新栄養学——発酵食品の現在と未来

1 Ruth Reichl, 'Michael Pollan and Ruth Reichl Hash out the Food Revolution', *Smithsonian*, June 2013, www.smithsonianmag.com.

2 Jyoti Prakash Tamang, *Health Benefits of Fermented Foods and Beverages* (Hoboken, NJ, 2015), pp. 198-9.

3 Justin Sonnenburg and Erica Sonnenburg, *The Good Gut: Taking Control of Your Weight, Your Mood, and Your Long-term Health* (New York, 2015), p. 5.(『腸科学：健康・長生き・ダイエットのための食事法』，ジャスティン・ソネンバーグ&エリカ・ソネンバーグ著，鍛原多惠子訳，ハヤカワ文庫，早川書房)

4 Tamang, *Health Benefits*, p. 199.

5 同上

6 前掲書 pp. 199-200.

7 前掲書 p. 201.

8 前掲書 p. 202.

9 前掲書 pp. 202-3.

10 前掲書 p. 208.

11 前掲書 pp. 205-7.

12 Jeff Leach, 'Going Feral: My One-Year Journey to Acquire the Healthiest Gut Microbiome in the World (You Heard Me!)', 19 January 2014, http://humanfoodproject.com.

13 Tamang, *Health Benefits*, pp. 237-9.

14 Research and Markets, 'Probiotics Market Analysis to Reach $66 Billion by 2024 - Growing Preference for Functional Foods to Curb Health Disorders', 28 November 2016, www.businesswire.com.

15 Kamila Leite Rodrigues et al., 'A Novel Beer Fermented by Kefir Enhances Anti-Inflammatory and Anti-Ulcerogenic Activities Found Isolated in Its Constituents', *Journal of Functional Foods*, XXI (2016), pp. 58-69.

16 Mike Pomranz, 'Probiotic Beer Is Here to Help Your Gut (If Not Your Liver)', *Food & Wine*, 29 June 2017, www.foodandwine.com.

17 Claudio De Simone, 'The Unregulated Probiotic Market', *Clinical Gastroenterology and Hepatology*, XVII/5 (2019), pp. 809-17.

18 Victoria Allen, 'Why Probiotic Yoghurt May Be Pointless for Half of Us', *Daily Mail*, 7 September 2018, www.dailymail.co.uk.

19 S. S. Deshpande et al., *Fermented Grain Legumes, Seeds and Nuts: A Global Perspective* (Rome, 2000), pp. 10-11.

20 Mike Battcock and Sue Azam-Ali, *Fermented Fruits and Vegetables: A Global Perspective* (Delhi, 1998), pp. 39-40.

21 Sonnenburg and Sonnenburg, *Good Gut*, p. 165.（『腸科学：健康・長生き・ダイエットのための食事法』，ジャスティン・ソネンバーグ＆エリカ・ソネンバーグ著，鍛原多惠子訳，ハヤカワ文庫，早川書房）

22 Battcock and Azam-Ali, *Fermented Fruits and Vegetables*, pp. 69-70.

23 R. Sankaran, 'Fermented Foods of the Indian Subcontinent', in *Microbiology of Fermented Foods*, 2 vols, 2nd edn, ed. Brian J. B. Wood (Boston, MA, 1998), vol. II, pp. 780-81.

24 Battcock and Azam-Ali, *Fermented Fruits and Vegetables*, pp. 72-3.

25 前掲書 p. 9.

クリスティーン・ボームガースバー（Christine Baumgarthuber）
ブラウン大学で英文学博士号を取得。デジタル教育の現場で働く一方，食文化の歴史を研究・発表してきた。オンラインマガジン「New Inquiry（ニュー・インクワイアリー）」で料理の歴史をつづったブログ「The Austerity Kitchen（質素な台所）」を執筆。同誌では寄稿編集員も務める。アメリカ，ロードアイランド州プロヴィデンス在住。

井上廣美（いのうえ・ひろみ）
翻訳家。名古屋大学文学部卒業。主な訳書に，ドハティ『インド神話物語百科』，バーケット『図説北欧神話大全』，ライマー『ポスター芸術の歴史』（以上，原書房），マゾワー『バルカン――「ヨーロッパの火薬庫」の歴史』（中公新書），チャーナウ『ハミルトン　アメリカ資本主義を創った男』（日経 BP 社）など。

*Fermented Foods: The History and Science of a Microbiological Wonder*
by Christine Baumgarthuber
was first published by Reaktion Books, London, UK, 2021.


**発酵食品《はっこうしょくひん》の歴史《れきし》**

**ビール，パン，ヨーグルトから最新《さいしん》科学《かがく》まで**

●

2021年9月24日　第1刷

**著者**……………クリスティーン・ボームガースバー
**訳者**……………井上廣美《いのうえひろみ》
**装幀**……………佐々木正見
**発行者**……………成瀬雅人
**発行所**……………株式会社原書房

〒160-0022 東京都新宿区新宿1-25-13
電話・代表 03(3354)0685
振替・00150-6-151594
http://www.harashobo.co.jp

**印刷**……………新灯印刷株式会社
**製本**……………東京美術紙工協業組合



ISBN 978-4-562-05951-5, Printed in Japan